Oliver Matuschek

GOETHES ELEFANTEN

Insel Verlag

Insel-Bücherei Nr. 1489

GOETHES ELEFANTEN

Im Frühjahr 1784 war Johann Wolfgang von Goethe auf der Suche nach Elefanten – nach Elefantenschädeln, um genau zu sein. Die Sache war dringlich, denn er hatte gerade eine bedeutende anatomische Entdeckung gemacht, so gewichtig, dass sich ihm vor Freude »alle Eingeweide bewegen«[1], wie er Charlotte von Stein, seiner Vertrauten, noch in derselben Nacht schrieb. Doch mit diesem Fund allein wollte Goethe sich nicht zufriedengeben, sondern mehr beweisen, auch und vor allem beim Elefanten, der mit seinem Knochenbau einige Rätsel aufgab. Dass er bei dieser Gelegenheit gleich mehreren Kapazitäten auf dem Gebiet der Anatomie widersprechen würde, nahm er gern in Kauf. Schon seit Monaten hatte er sich mit den Schädelknochen von Menschen und Tieren beschäftigt, sie in alle Richtungen gedreht, einige zersägt oder an den Nähten aufgespalten – sie »gesprengt«, wie er es mit den Fachleuten nannte – und die Bruchstücke gegen das Licht gehalten. Und dann hatte Goethe endlich entdeckt, was er längst vermutet hatte: einen Knochen im Oberkiefer des Menschen. Das heißt, eigentlich nicht den Knochen selbst, denn der war für jeden Betrachter sichtbar, sondern verwachsene Nähte, die darauf hinwiesen, dass er ursprünglich von seiner Umgebung getrennt und somit ein eigener Teil des menschlichen Körpers gewesen war.

Mit dieser Entdeckung hatten sich unzählige neue Fragen zur Entwicklungsgeschichte des Menschen, der Tiere und damit auch der Elefanten ergeben. Doch bisher hatte Goethe erst einen Elefantenschädel finden können – der für seine Untersuchungen allerdings kaum zu gebrauchen war. Jetzt musste es sich auszahlen, dass er längst Kontakte zu anderen Forschern geknüpft hatte. Bei Soemmerring in Kassel würde er jedenfalls anfragen und Professor Zimmermann in Braunschweig bald ankündigen, dass er den Elefantenfötus im dortigen Museum »zergliedern« wolle. Denn nur so, bis auf ihre Knochen zerlegt, konnten die Elefanten Goethe jetzt nützlich sein.

* * *

Einem Elefanten in Europa zu begegnen, war zu Goethes Zeiten nicht einfach. Ob er selbst bereits eines der Tiere gesehen hatte oder sich allein an Berichten und Abbildungen orientierte, als er 1776 in einem Beitrag für Johann Caspar Lavaters *Physiognomische Fragmente* schwärmte, der Elefant habe »am meisten Schädel, am meisten Hinterhaupt, und am meisten Stirn – wie wahrer natürlicher Ausdruck von Gedächtniß, Verstand, Klugheit, Kraft und – Delikatesse«,[2] ist nicht sicher. Zeitgenössische wie ältere Literatur zum Thema hätte sich jedenfalls reichlich finden lassen. Allerdings enthielten auch die neuesten naturgeschichtlichen Werke häufig genug widersprüchliche und ungenaue Angaben, was kaum verwunderlich ist, denn nur die wenigsten Autoren dürften selbst auch nur einen Bruchteil all jener seltenen Tiere aus fernen

Ländern beobachtet haben, über die sie sich oft seitenweise ausließen. Nicht anders war es bei den Elefanten, von denen im Lauf des gesamten 18. Jahrhunderts kaum mehr als ein Dutzend nach Europa gebracht wurden, wo sie in höfischen Menagerien lebten oder mit Tierführern zu Vorstellungen von Stadt zu Stadt zogen.

Das Publikum, das es sich leistete, einen Elefanten oder ein anderes exotisches Großtier zu bestaunen, war üblicherweise ein ganz anderes als das fahrender Schauspieltruppen, Gaukler, Seiltänzer oder Jongleure. Auch die Tierführer selbst waren bemüht, sich von den übrigen Schaustellern abzusetzen, indem sie den belehrenden Charakter ihrer Präsentation ausdrücklich hervorhoben und damit gleichzeitig die hohen Eintrittspreise zu rechtfertigen versuchten. Dabei genügte es in einigen Fällen schon, das Tier überhaupt nur zu zeigen, um das Publikum zu begeistern. Das Nashorn Clara beispielsweise war 1741 aus Indien kommend auf dem Seeweg in Rotterdam eingetroffen und wurde auf mehreren Tourneen in Mitteleuropa vorgeführt. Höhepunkte jeder Präsentation waren das Vermessen und Wiegen des damals noch längst nicht ausgewachsenen Tieres vor den staunenden Zuschauern, wobei die Ergebnisse sogar auf Erinnerungsmedaillen festgehalten wurden, die nach der Vorführung zu kaufen waren. Auf einer davon ist zu lesen:

»IM IAHR: 1748 IST ES IN STUTTGARD GEWESEN UND BEFUNDEN WORDEN 5 SCHUH 7 ZOLL HOCH 12 SCHUH LANG UND 12 SCHUH DICK UND HAT GEWOGEN 5000 PFUND«.[3]

Ansonsten konnte das Publikum dem Nashorn vor allem beim Fressen oder Schlafen zusehen.

Für die langen Strecken, die zwischen den Auftrittsorten zurückgelegt werden mussten, war für Clara aus Holz ein alles andere als artgerechter, massiver Verschlag auf Rädern gezimmert worden, der nur ein kleines Fenster hatte, damit sie nicht schon auf dem Weg gesehen wurde und sich die Neugierigen am Ende den Besuch der Vorstellung sparten. Wenn ein größerer Fluss in der Nähe war, wurde das Gefährt auf ein Floß verladen und darauf zur nächsten Station gebracht, doch meist holperte es von mindestens acht Pferden gezogen über schlecht befestigte Landstraßen.

Möglicherweise war auch der siebenjährige Elefant mit unbekanntem Namen, der im Sommer 1773 in Frankfurt am Main präsentiert wurde, auf dem Fluss in die Stadt gebracht worden. Ein Tierführer zog mit ihm durch Frankreich, die Schweiz und Deutschland, und obwohl nur wenige Quellen überliefert sind, lässt sich ihr Weg rund um das Frankfurter Gastspiel sogar genauer verfolgen: Zuvor hatten mehrere Orte in der Schweiz auf dem Reiseplan gestanden und nach Frankfurt war der Elefant in Esslingen am Neckar zu sehen. Zur Werbung und als Souvenir wurden für jeden Ort neu gestaltete Flugblätter verkauft, auf denen das Tier abgebildet ist. Je nach Absicht und Talent des Künstlers entstanden dabei innerhalb kurzer Zeit sehr unterschiedliche Darstellungen desselben Elefanten. So zeigt der Zürcher Kupferstecher David Herrliberger, der die Blätter für die Auftrittsorte in der Schweiz gestaltet hatte, auf seinem aufwendig kolorierten

Erinnerungsblatt von David Herrliberger für die Auftritte eines Elefanten in der Schweiz im Frühjahr 1773.

Einblattdruck von Johann Andreas Benjamin Nothnagel anlässlich der Vorführung des Elefanten in Frankfurt am Main im Juli 1773.

Druck ein imposantes Tier mit beeindruckend langem Rüssel, das einen Schritt auf den Betrachter zu macht. Darunter sind mehrere Gedichte zu lesen, und in einer zugehörigen Broschüre bietet ein Text auf Deutsch und Französisch Superlative und Furchteinflößendes über Elefanten: »Mit seinen Hauerzähnen durchbohrt er den Löwen; mit seiner Hand (Rüßel) reißt er Bäume um«.[4]

Der mit der Familie Goethe gut bekannte Maler und Tapetenfabrikant Johann Andreas Benjamin Nothnagel hatte für die Präsentation in Frankfurt am Main dagegen einen Elefanten mit kurzen Stoßzähnen von der Seite gezeichnet, der freundlich zu lächeln scheint. Darunter ist zu lesen: »Elephant welcher den 15. July 1773 zu Franckfurth am Mayn angekommen und allda öffentlich zu sehen gewesen.«[5] Um seine exotische Herkunft hervorzuheben, ist in die Landschaft im Hintergrund eine Palme gepflanzt, die auch in das wenig später entstandene Blatt für den Auftritt in Esslingen übernommen wurde. Zum Größenvergleich steht darauf noch ein Mann neben dem Tier, das eine ähnliche Position einnimmt wie auf dem Frankfurter Druck. Die etwas plump wirkende Abbildung auf dem Esslinger Holzschnitt lässt wenig daran zweifeln, was in der Zürcher Broschüre noch über den Elefanten zu lesen ist: »er macht unter seinem Fußtritt die Erde beben«.[6]

Näherte sich der Elefant der nächsten Stadt, waren die dortigen Flugblätter längst fertig gedruckt, ohne dass die Zeichner das Tier vorher gesehen hatten, denn ihnen wäre zweifellos ein bedeutender Teil ihres Geschäfts entgangen,

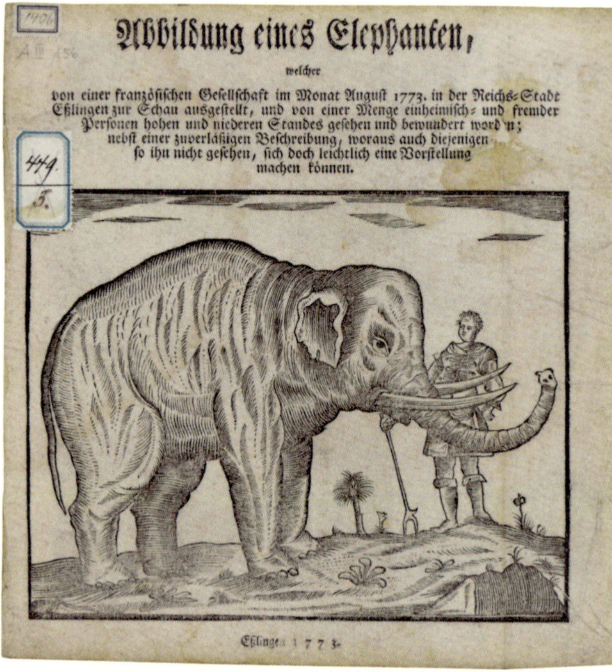

Holzschnitt eines unbekannten Künstlers mit der Ankündigung der Elefantenschau in Esslingen am Neckar vom August 1773.

wenn sie erst nach der Ankunft mit dem Skizzieren und Drucken begonnen hätten. Sowohl Nothnagel wie auch sein unbekannter Esslinger Kollege griffen daher auf einen gut dreißig Jahre vorher erschienenen Bilderbogen aus der Reihe *Abbildliche Geschichte der ausländischen Land Thiere* als Vorlage zurück, auf dem neben dem Elefanten in Seitenansicht auch die Palme und der menschliche Begleiter zu sehen sind. Auf die Übernahme des zugehörigen Textes verzichteten dagegen beide, sicher auch, weil das Wort Rüssel darin nicht benutzt wurde, was zu einer seltsamen Feststellung über den Elefanten geführt hatte: »Sein Maul ist wie ein Schweins-Maul, in welcher [!] er mittelst des Schnabels die Speisen steckt«[7].

Die an jedem Ort mehrere Tage oder sogar Wochen dauernden Vorführungen fanden oft in bekannten Gasthäusern statt. In Frankfurt am Main war es der »Goldene Pfau« in der Nähe des Neuen oder Friedberger Tores im Norden der Stadt. Das Gebäude hatte einen großen Innenhof, in dem aus Brettern eine Einfassung gezimmert und wohl auch Tribünen für die Zuschauer aufgebaut wurden. Passenderweise verlief gleich nebenan die Elefantengasse, die allerdings schon lange vorher nach dem dort gelegenen Haus »Zum Elefanten« benannt worden war.

Welche Erwartungen das Publikum an Elefanten in einer solchen Tierschau hatte, lässt eine Bemerkung in Johann Friedrich Blumenbachs *Handbuch der Naturgeschichte* von 1779 erahnen:

»Am Ende ist der Rüssel, wie mit einem biegsamen Haken

versehen, und hiermit kann er Knoten aufknüpfen, Schnallen auflösen, [...] Schlüssel an Thüren aufdrehen, kleine Blümchen abreissen u. s. w.«[8]

Und tatsächlich waren Kunststücke, bei denen der Rüssel zum Einsatz kam, besonders beliebt, wie eine Auflistung aus Berlin zeigt. Dort balancierte derselbe Elefant, der auch in Frankfurt zu sehen war, einige Jahre später »ein Stück Brod auf dem Kopf«, nahm seinem »Wärter den Huth ab, drehete ihn mit dem Rüssel um, und setzte ihn wieder auf« und griff »eine Bouteille mit Punsch oder Wasser, zog den Stöpsel heraus, ließ den Trunck in den Rüssel laufen, trank ihn aus, und gab die leere Bouteille wieder, ohne sie zu zerbrechen.«[9] Als besondere Übung wurde zum Abschluss der Vorstellungen meist noch eine Verbeugung gezeigt, denn seit der Antike hielt sich die Behauptung, dass Elefanten keine Kniegelenke hätten – was Julius Cäsar in *De bello Gallico* übrigens ebenso falsch über die Elche berichtet. Als entsprechend sensationell dürfte die Verbeugung eines Elefanten vom Publikum also aufgenommen worden sein. Ganz abgesehen davon konnte sich ein solcher Gruß noch auf andere Weise auszahlen, denn kaum ein Tierführer ließ sich die Gelegenheit nehmen, die Kunststücke auch vor den Landesherren bis hinauf zum Königs- oder Kaiserhaus vorzuführen. Verbeugte sich der Elefant auch dort, war seinem Besitzer eine größere Geldsumme so gut wie sicher.

In den *Franckfurter Frag- und Anzeigungs-Nachrichten* vom 30. Juli 1773 war gut zwei Wochen nach der Ankunft des Tieres in der Stadt eine Art Gegendarstellung zu lesen, wonach sich das Gerücht verbreitet hatte, »als wäre der hier angekommene Elephant todt«. Weiter heißt es:

»so wird hiermit einem geehrten Publico das Gegentheil angezeiget und zugleich versichert, daß es viel besser mit seinem bösen Bein geworden ist, und ist würklich am Neuen Thor im Pfau den ganzen Tag durch zu sehen, wo es zugleich den Zuschauern seine curiose Kunststücke spielen wird.«[10]

Weitere Quellen zum Aufenthalt in Frankfurt wurden bislang nicht gefunden und so ist nichts Näheres darüber bekannt, was genau es mit dem »bösen Bein« auf sich hatte. Tatsächlich waren Nachrichten über lebensbedrohliche Krankheiten reisender Tiere aber auffallend oft zu lesen und erwiesen sich am Ende meist als geschickt verbreitete Falschmeldungen, die weitere Zuschauer anlocken sollten. Dass für diesen Elefanten der nachfolgende Auftritt in Esslingen belegt ist und der Bericht mit den Worten »Er wird sich nicht lange in dieser Stadt aufhalten«[11] ausdrücklich zur Eile mahnt, lässt hier Ähnliches vermuten.

Und Goethe? Nach Abschluss seines juristischen Studiums und seiner Zeit am Reichskammergericht in Wetzlar war er zu seinen Eltern nach Frankfurt zurückgekehrt und hielt sich in diesen Wochen in der Stadt auf, wo er als Anwalt arbeitete, aber eigentlich ganz andere Interessen verfolgte. Gerade war sein Schauspiel *Götz von Berlichingen mit der eisernen Hand* gedruckt worden. Goethe hatte den Band gemeinsam mit seinem Freund Johann Heinrich Merck im Selbstverlag herausgebracht und musste nun den Versand an die

Buchhändler organisieren und abrechnen. Ein zeitaufwendiges und ziemlich mühsames Geschäft, das am Ende nicht einmal die Kosten des Druckes, aber dem Autor immerhin einige Bekanntheit einbrachte.

Zwar war Goethe damals längst noch nicht auf der Suche nach Elefanten, aber die Vorführung in der Stadt sollte eigentlich Sensation genug gewesen sein, um sie keinesfalls verpassen zu wollen. Allerdings hat er an keiner bekannten Stelle auch nur eine Andeutung davon gemacht, dass er dem Elefanten und seinem Wärter beim Spiel mit Broten, Hüten und Flaschen zugesehen hätte. Sein Vater Johann Caspar Goethe hingegen, der seine gesamten Ausgaben genau auflistete, trug für den 18. Juli 1773 den Betrag von 24 Kreuzern in sein Haushaltsbuch ein, die er bezahlt hatte, um sich den Elefanten anzuschauen.[12] Die Höhe des Eintrittspreises richtete sich danach, wie nahe man dem Tier kommen wollte. »Personen von Stand« zahlten nach eigenem Ermessen, worunter eine Gabe über den höchsten angeschlagenen Preis hinaus zu verstehen war, und als Wirklicher Kaiserlicher Rat zählte Johann Caspar Goethe zweifellos zu diesem Kreis. So hat er sich wohl aus einer der ersten Reihen ein weiteres Kunststück ansehen können, das der Elefant beherrschte: »drey Stück Geld« konnte er vom Boden aufheben und »steckte selbiges in die Tasche des Wärters«.[13] Vielleicht waren auch Johann Caspar Goethes 24 Kreuzer darunter – hatte sich sein Sohn das tatsächlich entgehen lassen?

* * *

Sich einen Elefanten zu halten war eine erschreckend kostspielige Angelegenheit, das dürfte Landgraf Friedrich II. von Hessen-Kassel sehr bald bemerkt haben. Dabei ist nicht einmal sicher, wie und warum er überhaupt zu seinem Tier gekommen ist. Möglicherweise war es gar kein gezielter Ankauf für seine Menagerie gewesen, sondern ein Geschenk, das er kaum hätte ablehnen können, ohne damit eine diplomatische Verstimmung zu riskieren. Jedenfalls ist sein damals wohl erst zwei Jahre alter Elefant im Herbst 1773 aus Den Haag kommend in Kassel eingetroffen. Wie beinahe alle Exemplare, die seinerzeit in Europa lebten, war er aus Asien importiert worden, denn die größeren Afrikanischen Elefanten galten als zu wild und kaum zu zähmen. Auf dem Seeweg war er vermutlich aus Ceylon, dem heutigen Sri Lanka, in die Niederlande gebracht worden. Von dort dürfte die Reise mit dem Schiff die Nordseeküste entlang und über Bremen die Weser und die Fulda hinauf bis nach Kassel geführt haben, wo in der Menagerie in der Karlsaue zwischen Zierpflanzen und Wasserspielen bereits seltene Vögel, zwei Kamele, dreißig Meerschweinchen und mehrere Büffel lebten. Der Landgraf hatte damit eine Einrichtung vom Anfang des Jahrhunderts wiederbelebt, von der Johann Melchior Roos ein wandfüllendes Gemälde angefertigt hatte. Auf der über sechseinhalb Meter breiten Leinwand sind ähnlich einer Darstellung der Arche Noah alle Tierarten zu sehen, die je in der alten Menagerie gelebt haben. Trotz einiger exotischer Zugänge wie Eisbären und Leoparden ist auf dem riesigen Wimmelbild aber noch kein Elefant zu finden.

Das in den 1720er-Jahren in Kassel entstandene, über sechseinhalb Meter breite Gemälde Die Menagerie des Landgrafen Carl *von Johann Melchior Roos.*

Einzelheiten zur neu angelegten und wesentlich größeren Menagerie, in der der Elefant nun unterkam, hat Friedrich Justinian von Günderode in seinen Reisebriefen aus Kassel beschrieben:

»Auf einem schönen grünen Platz sieht man in angenehmen Tagen des Frühjahrs viele Affen an Pfäler angekettet, die, wie Hunde kleine Häuschen dabey haben, worinnen sie sich Nachts und bei übelem Wetter verbergen können; und es ist ein recht belustigender Anblick, ihre Gaukeleyen im Freyen somit anzusehen. Ueber alle diese Thiere sind hinlängliche Aufseher und Knechte bestellt, welche sie verpflegen und versorgen müssen.«[14]

Um den Elefanten, der bei seiner Ankunft nicht viel größer als ein Esel gewesen sein soll, hier auf Dauer unterbringen zu können, waren noch einige Umbauten nötig. Als Günderode seinen Besuch machte, bewohnte der Elefant bereits

»einen großen Saal in einem eigenen Hause, der geplattet und gut erleuchtet ist, auch sehr reinlich gehalten wird, worinnen er denn an die hintern Füße mit sehr starken Ketten angeschlossen ist; vor seinem gewöhnlichen Saal hat er ein mit starken und hohen Palisaden umgebenes Vorzimmer im Freyen, und bei schönem Wetter wird seine Kette so lang gelassen, daß er da hinaus und frische Luft schöpfen kann, allemal geht er ungern in seinen Saal zurück; gleich neben diesem ist das Zimmer seines Verpflegers, ein Ofen heizt beyde.«[15]

Schon bald war der Elefant *die* Attraktion der Menagerie.

Aber er war nicht nur dort zu besichtigen, sondern wurde gelegentlich auch für Transportarbeiten eingesetzt und hatte außerdem Auftritte bei Opernaufführungen zu absolvieren, über deren Erfolge allerdings einander widersprechende Berichte überliefert sind. Mehrmals stand er sogar Malern wie Johann Heinrich Wilhelm Tischbein für Ölgemälde Modell, die heute jedoch alle zerstört oder verschollen sind. Immerhin ist eine Druckgraphik von Tischbeins Bruder Johann Heinrich d. J. bekannt, die den Elefanten noch sehr jung zeigt und deren Vorlage wohl schon bald nach seiner Ankunft in Kassel entstanden ist.

Regelmäßigen Besuchern fiel auf, dass sich der anfangs zahme Elefant mit der Zeit immer frecher benahm und kaum eines der vom Publikum erwarteten Kunststücke beherrschte. Nur die obligatorische Verbeugung für ein Stück Brot hatte man ihm beibringen können. Außerdem sah Günderode, wie der Elefant diejenigen, »die ihn besuchen und ihm nicht gefallen, durch seinen Rüssel besprützet«, weshalb er annahm, dass »vermuthlich seine Seelenkräfte noch nicht völlig entwickelt« seien. Doch zumindest mit seinem Appetit konnte der Elefant jeden Besucher beeindrucken:

»Täglich bekommt er 50 Pfund Brod, zwey Mesten gelbe Rüben und sonstige Wurzeln, 24 Pfund Heu und starke Streue, die er meist auch verzehrt, mit dem Trunk hält er es ganz nach seinem Gutdünken, zu Zeiten geschieht es, daß er bis 20 Eimer Wasser hintereinander und auch bisweilen einen ganzen Tag hindurch gar nichts trinket.«[16]

Ein Elephant, *um 1790 entstandene Weichgrundätzung von Johann Heinrich Tischbein d. J. nach einer früher angefertigten Zeichnung, Exemplar aus Goethes Nachlass.*

Mitte September 1779 besuchte der junge Christian Truchseß von Wetzhausen, der wegen seiner angeblichen Ähnlichkeit mit dem Titelhelden aus Goethes Drama von seinen Freunden »Götz« genannt wurde, die Kasseler Menagerie. Als er am Elefantengehege ankam, war er völlig überwältigt. Noch nach über vierzig Jahren erinnerte er sich genau, dass er »als 20jähriger Bursche bei dem Elephanten in Cassels Menagerie zu Goethe sprach: ›Sie sind Goethe, mein Goethe!‹«[17] Denn er hatte dort nicht nur vor dem Elefanten, sondern auch vor seinem Idol, dem Dichter des *Götz von Berlichingen*, gestanden, der gerade für ein paar Tage in Kassel Station machte. Seit seinen Frankfurter Tagen hatte sich in Goethes Leben einiges geändert: Schon nach Aufführungen des *Götz* in mehreren Theatern war sein Name einem breiteren Publikum und eben auch von Wetzhausen und seinen Freunden bekannt geworden, doch spätestens seit im Herbst 1774 sein Briefroman *Die Leiden des jungen Werthers* erschienen war, wusste jeder gebildete Mensch im Land, wer Johann Wolfgang Goethe war. Auch der damals gerade 18 Jahre alte Herzog Carl August von Sachsen-Weimar Eisenach hatte den Autor dieses Buches unbedingt kennenlernen wollen und ihn bei einem Treffen in seine Residenzstadt Weimar eingeladen, wo Goethe im November 1775 eintraf und – von seinem längeren Aufenthalt in Italien und einigen Reisen abgesehen – den Rest seines Lebens verbringen sollte.

Als von Wetzhausen ihm gegenüberstand, war Goethe bereits Geheimer Legationsrat mit Sitz im Geheimen Consilium und damit einer der engsten Vertrauten des Herzogs geworden. Nun waren die beiden auf einer Reise in die Schweiz und besuchten auf dem Weg den Hof in Kassel. Dort sahen sie sich die Kunstkammer an und besuchten auch die Gemäldegalerie und die Sammlung der Architekturmodelle, denn ähnliche Einrichtungen planten sie in Weimar und Jena selbst zu begründen und auszubauen. In seinen Briefen und im Tagebuch beschreibt Goethe all das allerdings so knapp, dass er seine Begegnung mit dem Elefanten gar nicht erwähnt und sie nur zufällig durch Christian Truchseß von Wetzhausen überliefert ist. Doch zweifellos waren Goethe und der Herzog von den Kasseler Sammlungen und Sehenswürdigkeiten nachhaltig fasziniert und besuchten auch auf ihrer Weiterreise in die Schweiz noch einige Kunst- und Naturalienkabinette.

* * *

Überall wurde zum Ende des 18. Jahrhunderts an Universitäten und in Gelehrtenstuben beobachtet, sortiert und systematisiert, ausgewertet und interpretiert, wobei sich in den Naturwissenschaften immer deutlicher einzelne Disziplinen herausbildeten. Viele der neuesten Forschungsergebnisse waren jedoch alles andere als eindeutig und führten zu entsprechend heftigen Diskussionen unter den Vertretern des jeweiligen Faches. Die Beschäftigung mit naturwissenschaftlichen Fragen war auch Goethe nicht neu, und da er im Herzogtum Sachsen-Weimar-Eisenach unter anderem für den Bergbau zuständig war, begann er, sich intensiv mit der Geologie zu befassen. Schon während seines Studiums

Der Anatomieturm in Jena, *Federzeichnung Goethes von 1810.*

hatte er, ohne dafür eingeschrieben zu sein, Vorlesungen zur Medizin und Anatomie besucht. In Weimar brachte ihn die Bekanntschaft mit Justus Christian Loder von der medizinischen Fakultät im benachbarten Jena auch zu diesem Fachgebiet zurück. Dabei war Goethe mit seinem Interesse am Weimarer Hof nicht allein, auch Herzog Carl August hatte sich im Bereich der Medizin weitergebildet und bestellte Loder im Juli 1780 nach Weimar, wo er vor Zuschauern einen Kinderleichnam sezieren und seine Arbeit erläutern sollte. An dieser »anatomischen Demonstration« nahmen auch Herzogin Luise, Generalsuperintendent Johann Gottfried Herder, der Arzt Christoph Wilhelm Hufeland und Goethe teil, für den – wie er immer wieder betonte – die Möglichkeit, eigene Beobachtungen anstellen zu können, von ganz besonderer Bedeutung war.

Da die Jenaer Universität zum Teil vom Herzog von Weimar getragen wurde, hatte Goethe in den kommenden Jahren in seinen Amtsgeschäften häufig dort zu tun und traf sich immer wieder mit Loder. Bald gingen die beiden von Fachgesprächen zur Praxis über und nahmen im sogenannten Anatomieturm an der alten Stadtmauer gemeinsam Untersuchungen an Leichen vor, bei denen Goethe sein Wissen wesentlich erweitern konnte. Die genaue Herkunft der von ihnen sezierten Körper lässt sich heute kaum noch klären. Deutlich ist aber, dass bei der Besorgung des regelmäßig benötigten Nachschubs für die ärztliche Ausbildung und für die Forschung wenig Rücksicht genommen wurde und die Leichen unbekannter Personen, von Exekutierten oder aus Armenhäusern ohne größere moralische Bedenken in die Anatomie gebracht wurden. Im November 1781 schrieb Goethe aus Jena an Herzog Carl August: »Zwey Unglückliche waren uns eben zum Glück gestorben die wir denn auch ziemlich abgeschält und ihnen von dem sündigen Fleische geholfen haben.« Im selben Brief zeigt sich, dass er seine Anatomiekenntnisse inzwischen als sehr fortgeschritten einschätzte, denn er wollte nun sogar selbst Vorlesungen zum Thema halten – allerdings nur in der Theorie und vor Zeichenschülern in Weimar. Dort plante er,

»das Skelet den iungen Leuten Abends zu erklären, und sie zur Kenntniß des menschlichen Körpers anzuführen. Ich thue es zugleich um meint- und ihrentwillen, die Methode die ich erwählt habe, wird sie diesen Winter über völlig mit den Grundsäulen des Körpers bekannt machen.«[18]

Auch als Loder für längere Zeit auf Reisen war, nutzte Goethe den Zugang zu den Räumen und den Sammlungen in Jena, die er so immer genauer kennenlernte. Im Oktober 1782 verkündete er Johann Heinrich Merck:

»Ich weiß meine Osteologie auf den Fingern auswendig herzusagen und bey iedem Thierskelett die Theile nach den Nahmen welche man den menschlichen beygelegt hat sogleich zu finden und zu vergleichen. Es macht mir ein großes Vergnügen«.[19]

Außer menschlichen Organen und Körperteilen, die in der Anatomie neuerdings konserviert worden waren, gab es dort inzwischen noch eine ganze Anzahl von Knochen und Nasspräparaten, die Loder für sich privat angeschafft

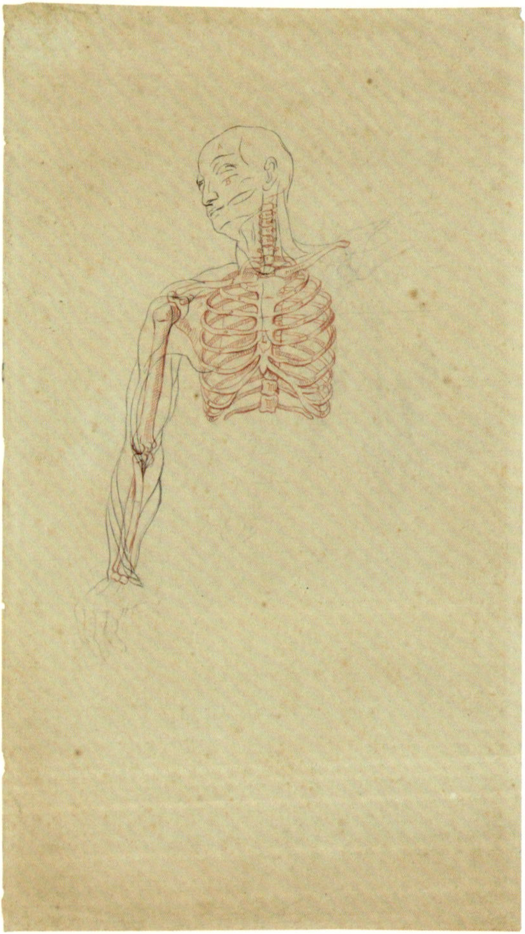

Männlicher Oberkörper (künstlerische Anatomiestudie), *Zeichnung Goethes vom Oktober 1781.*

hatte. Auch Goethe selbst erwarb in dieser Zeit einige Menschen- und Tierschädel. Besonders seltene Stücke, vor allem von exotischen Tieren, waren unter den Fachgelehrten umkämpft und wurden sogar auf Auktionen gehandelt. Für das nun entstehende Carl-August-Museum in Jena hatte der Herzog sogar ganze Sammlungen angekauft und bereits vorhandene Bestände aus der Kunstkammer in Weimar abholen lassen. Auf seine Anweisung hin waren außerdem ausgewählte verendete Tiere aus den herzoglichen Ställen und Gütern in Jena abzuliefern. Nach Goethes Beschreibung wurde zudem

»was den mit Tieren herumziehenden Fremden hie und da verunglückte, sowohl in der Nähe als auch aus der Ferne herbeigeschafft. Wie denn einst, bei großer Kälte, ein zu Nürnberg verendeter Tiger, mit der fahrenden Post, stark gefroren anlangte«.[20]

Unter den zahlreichen Ausstellungsstücken des neu eingerichteten Museums war Goethe besonders vom riesigen Schädel eines Afrikanischen Elefanten aus der früheren Sammlung Adlershelm fasziniert, der im Zentrum der Säugetiersammlung auf einem Sockel aufgestellt worden war. »Ich habe ihn gestern noch mit Erstaunen betrachtet«,[21] schrieb er im Februar 1783 an Merck, der in Darmstadt selbst zu fossilen Funden von Elefantenknochen forschte und sich darüber regelmäßig mit ihm austauschte.

* * *

Gut zweieinhalb Jahre zuvor, Ende August 1780, war es in Kassel zu einer Katastrophe gekommen. Die Schilderungen des Unglücks sind nicht eindeutig, sicher ist nur, dass sich der Elefant des Landgrafen – möglicherweise nach einem Opernauftritt oder einem Festumzug – außerhalb der Menagerie losgerissen hatte, einen Abhang hinabstürzte und verstarb. Für den bekannten Anatomen Samuel Thomas Soemmerring, der seit dem Vorjahr Professor am Kasseler Collegium Carolinum war, bestand kein Zweifel daran, dass der tote Elefant wie alle verendeten Tiere aus der Menagerie nun in seinen Arbeitsbereich fiel. Als die Nachricht von dem Unfall bei ihm eintraf, hatte er gerade erst eine andere außergewöhnliche Untersuchung abgeschlossen: »Kaum war das Kamel secirt, so crepirte der Elephant«,[22] wie er es selbst beschrieb. Glücklicherweise hatte Soemmerring vor ein paar Jahren eine Elefantensektion beobachtet, die John Hunter in London durchführte. Außerdem stand er in regelmäßigem Kontakt mit dem holländischen Anatomen Pieter Camper, einem der führenden Forscher auf diesem Gebiet, der 1774 einen verendeten Elefanten aus der Menagerie von Wilhelm V. von Oranien genauestens untersucht und erst im vergangenen Jahr in Kassel den Elefanten des Landgrafen beobachtet und sogar gezeichnet hatte.

Bis sich Soemmerring aber mit einigen kräftigen Helfern, großen Sägen und schwerem Gerät an die Arbeit machen konnte, war noch ein unangenehmes Problem zu lösen. Die Frage war, wie man dem Landgrafen mit der Nachricht vom Tod seines Elefanten auch noch Soemmerrings dringende

Von Pieter Camper mit der Angabe »E Vivario Principis Hassiae« (lat. etwa »Aus der Menagerie des Landgrafen von Hessen«) versehene Federzeichnung des Kasseler Elefanten vom 18. Oktober 1779.

Bitte um Erlaubnis einer baldigen Sektion möglichst schonend vermitteln sollte. Schließlich wurde entschieden, die Nacht abzuwarten und ihn, wie es den protokollarischen Vorgaben entsprach, erst am nächsten Tag nach der Wachparade zu unterrichten. Nachdem Friedrich II. seine Zustimmung gegeben hatte, konnte Soemmerring endlich mit der Arbeit beginnen. Es war geplant, ein Präparat der Haut des Elefanten und ein weiteres des Skeletts anzufertigen, wobei man mit beidem bei so großen Tieren bislang kaum Erfahrungen gesammelt hatte. Ein ausführlicher Bericht über die Sektion ist bis heute nicht aufgefunden worden, in einem Brief beschreibt Soemmerring jedoch die Probleme, mit denen er in jenen Hochsommertagen zu kämpfen hatte:

»leider war die Hitze so groß, daß die Weichtheile nicht benutzt werden konnten. Der Landgraf ließ Hülfsleute, Hebebäume etc. aus dem Arsenal zur Zergliederung bewilligen. Aber es heißt etwas, einen Körper von 80 Centnern regieren, der täglich 65 Pfund Brot und 30 Pfund gelbe Rüben fraß. [...] Leider war die Fäulniß durch die Wärme so entsetzlich, daß das Gehirn ausfloß und so heiß war, daß es rauchte.«

Auch bei der Untersuchung von Magen und Gedärmen erging es Soemmerring nicht besser: Als er die Haut des Elefanten einschnitt, zersprangen sie »mit furchtbarem Getöse«.[23] Im September teilte er Pieter Camper weitere Einzelheiten mit: Alle Weichteile des Elefanten seien in der Sommerhitze so schnell verfault, dass er sie kaum genauer habe betrachten können. Das Herz war nur drei Tage nach dem Tod des Tieres regelrecht in seinen Händen zerbröselt. Neue wissenschaftliche Erkenntnisse hatte die Sektion also nicht ergeben können. Camper meldete sich aus Holland zurück und war einigermaßen enttäuscht darüber, dass Soemmerring keines der Organe eingehender hatte untersuchen können und auch das Skelett bei der Entnahme des Gehirns in Mitleidenschaft gezogen worden war: »Die Schädelbasis haben Sie gleichfalls verloren, was ich äußerst bedauere.«[24] Immerhin war das Ergebnis der Bemühungen eines der ersten Großtierpräparate überhaupt. Es wurde im Naturalienkabinett aufgestellt und Soemmerring verkündete stolz, dass die Knochen allein durch die natürlichen Bänder zusammengehalten würden. In seiner Dienstzeit in Kassel hat er noch einige spektakuläre Sektionen vornehmen können, von denen Goethes Freund Merck berichtet:

»Auch die widrigen Zufälle in der Menagerie werden hier eine Quelle von neuen Entdeckungen. So unangenehm es für den Landgrafen war, in Einem Jahre so viele der merkwürdigen Thiere zu verliehren, so vortheilhaft waren diese Sterbefälle für die Wißbegierde des Zergliederers. Ausser dem Elephanten hatte Hr. Somring Gelegenheit, einen See hund und Leoparden, einen Tiger und einen Cameel zu untersuchen.«[25]

Der Gymnasialprofessor Heinrich Sander aus Karlsruhe besuchte das Kasseler Naturalienkabinett einige Jahre später und sah, dass die zunächst an einer Wand ausgebreitete Haut des Elefanten inzwischen vom Menagerieverwalter Carl Schildbach mit kleinen Holzstücken ausgestopft worden war. Außerdem notierte er sich, dass das Leder vor der Bearbei-

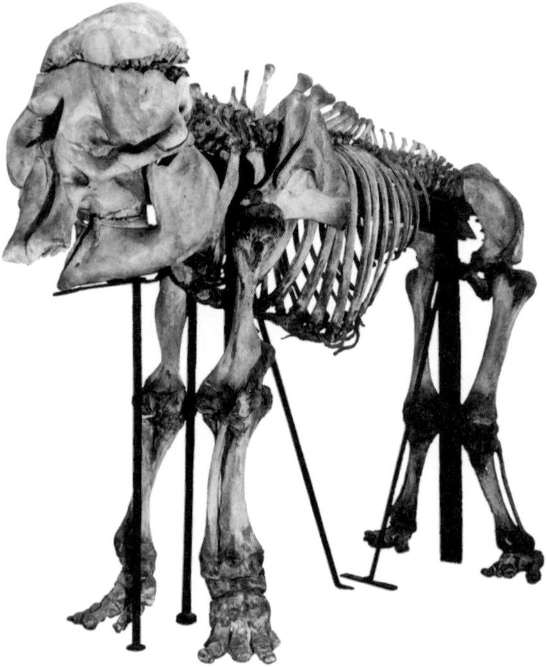

Das von Samuel Thomas Soemmerring im Jahr 1780 präparierte Skelett des Kasseler Elefanten mit später hinzugefügten Metallstützen.

tung 1200 Pfund und nach dem Gerben 702 Pfund gewogen habe.[26] Zur Herrichtung war ein ganzer Raum nötig gewesen und der Vorgang zur »Anlegung einer Brutkammer im Schwanhaus in der Orangerie zu Kassel zur Trocknung der Elefantenhaut« füllte schließlich einen eigenen Aktenordner der Hofverwaltung.[27] Zur Erwerbung eines neuen Elefanten für die Menagerie, die Soemmerring Camper noch angekündigt hatte, ist es in Kassel nicht mehr gekommen, vielmehr wurde das frühere Elefantenhaus schon bald zu einem Gewächshaus umgebaut und für die Pflanzenzucht genutzt.[28]

* * *

Als Johann Gottfried Herder 1783 in Weimar an seinen *Ideen zur Philosophie der Geschichte der Menschheit* schrieb, führte er mit Goethe endlose Gespräche, bei denen die Frage in den Vordergrund rückte, wie sich die Entwicklungsgeschichte des Menschen von der der Säugetiere unterschied. Unterschieden sie sich überhaupt? Vieles war noch ungeklärt, doch aus Sicht beinahe aller Anatomen war das Fehlen des Zwischenkieferknochens beim Menschen ein entscheidendes Merkmal zum Beweis einer von den Tieren getrennten Entwicklung. Bei vielen Säugetieren war dieser Knochen im vorderen Oberkiefer, für den Johann Friedrich Blumenbach erst wenige Jahre zuvor die lateinische Bezeichnung *Os intermaxillare* eingeführt hatte, eindeutig nachgewiesen worden. Bei einigen Arten war man sich noch nicht einig geworden, aber beim Menschen stimmten führende Fachgelehrte wie Blumenbach in Göttingen, Camper in den Niederlanden und

Soemmerring in Kassel darin überein, dass der Zwischenkieferknochen nicht vorhanden war. Diese Ansicht stand im Einklang mit der kirchlichen Lehre, die dem Menschen ohnehin einen besonderen Platz in der Schöpfungsgeschichte zuwies, und auch Goethes Freund Johann Heinrich Merck war nach seinem Besuch bei Soemmerring in Kassel überzeugt:

»Der Uebergang vom Menschen zum Affen wird auch dadurch wesentlich unterschieden, daß vorn an der Nasenspitze des Affen zwey spitze Knochen einzwicken, die beym Menschen bekanntlich ganz fehlen.«[29]

Es gab jedoch auch Gegenmeinungen, zumal der Zwischenkieferknochen beim Menschen in der Spätantike und auch danach mehrmals beschrieben worden war, beispielsweise im zweiten Jahrhundert nach Christus von dem Arzt Galenos von Pergamon. Wäre der Knochen aber tatsächlich nachzuweisen, so müsste ein Teil der jüngeren Forschung zur Entwicklungsgeschichte erheblich korrigiert und gänzlich neu bewertet werden. Genauere Untersuchungen hierzu waren eine spannende Herausforderung für einen ehrgeizigen Anatomen, der ausreichende Fachkenntnisse mitbrachte und dessen Blick nicht durch die vorherrschende Lehre verstellt war. Goethe, dem die Bedeutung der Problematik inzwischen bestens bekannt war, sah sich durchaus in der Lage, diese Aufgabe anzugehen. Und so untersuchte er in den kommenden Monaten mit enormem Eifer und Loders Unterstützung alle präparierten Schädel von Menschen und Tieren, die in Jena und Weimar erreichbar waren.

Affenschädel aus Goethes Besitz. Der Zwischenkieferknochen, der die Schneidezähne trug und sich von dort nach oben fortsetzt, ist deutlich durch Nähte abgegrenzt zu erkennen.

In der Nacht des 27. März 1784 setzte Goethe in Jena schließlich zwei Briefe auf. Der erste ging an Herder, dem er schrieb: »Ich habe gefunden – weder Gold noch Silber, aber was mir eine unsägliche Freude macht – das os intermaxillare am Menschen!«, und weiter heißt es: »Es soll dich auch recht herzlich freuen, denn es ist wie der Schlußstein zum Menschen, fehlt nicht, ist auch da! Aber wie!«[30] Gleich für den nächsten Abend kündigte er seinen Besuch an und bat Herder dringend um Verschwiegenheit. Aus dem zweiten Brief erfuhr Charlotte von Stein die Neuigkeiten mit dem bereits zitierten Zusatz: »Ich habe eine solche Freude, daß sich mir alle Eingeweide bewegen.«[31]

Die Schwierigkeit, den Zwischenkieferknochen beim Menschen nachzuweisen, lag vor allem in seiner Position im Schädel begründet. Eingekeilt im Oberkiefer trägt er die Schneidezähne, setzt sich unterhalb der Nase nach oben fort und besteht aus zwei spiegelbildlichen Teilen, die durch eine im Gaumen mittig nach hinten verlaufende Naht voneinander getrennt sind. Bereits beim Embryo verbindet er sich an seinen als Suturen bezeichneten Randnähten fest mit den umliegenden Knochen und verschmilzt während des weiteren Wachstums vollständig mit ihnen. An Schädeln von Erwachsenen ist gelegentlich noch die Naht im vorderen Gaumen erkennbar, während die Suturen oberhalb der Schneidezähne sowie an der inneren Nasenwand praktisch nicht mehr auszumachen sind. Genau dies erleichterte den Zweiflern ihre Argumentation. Andererseits halfen Befunde an menschlichen Embryonen, die durchaus auf das

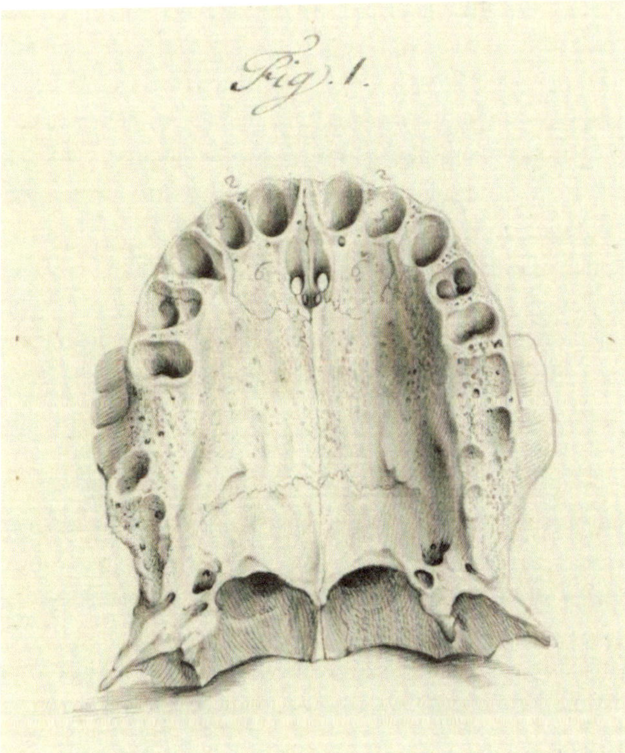

Menschlicher Oberkiefer von unten, Zeichnung von Johann Christian Wilhelm Waitz aus dem Jahr 1784. Der aus dieser Perspektive unterhalb der Schneidezähne sichtbare Zwischenkieferknochen ist mit der Ziffer 6 bezeichnet und von unregelmäßigen Knochennähten begrenzt.

Os intermaxillare hinwiesen, bei der Suche an ausgewachsenen Schädeln. Ohnehin hätte schon das Vorhandensein nur einer der fraglichen Knochennähte deutlich machen müssen, dass auch der Mensch einen Zwischenkieferknochen besitzt. Doch gegen diese einfache Erkenntnis stand die von den führenden Forschern vehement vertretene Behauptung der Sonderentwicklung des Menschen, die sich gerade auf das Fehlen dieses Knochens stützte. Goethe berichtete später, er sei »durch Nachdenken und Zufall«[32] zu seiner Entdeckung gekommen – die korrekterweise eine Wiederentdeckung war. Dies war auch ihm bestens bekannt, denn die antiken Quellen mit den entsprechenden Berichten lagen ihm in gedruckten Ausgaben vor.

Trotz der Tragweite seiner Forschungsergebnisse wollte Goethe sie nicht sofort in der Öffentlichkeit verbreitet sehen. Zunächst sollten nur die maßgeblichen Anatomen davon erfahren, für die er einen knappen und präzisen Bericht verfassen wollte. Da der Vergleich zwischen Menschen- und Tierschädeln und damit auch zwischen sehr unterschiedlichen Formen des Zwischenkieferknochens eine zentrale Rolle gespielt hatte, sollten in der Ausarbeitung möglichst viele Beispiele vorgestellt werden. Goethe sprach nun meist kurz vom »Zwischenknochen« und merkte dazu an:

»Sein vorderster breitester und stärkster Teil, dem ich den Namen des Körpers gegeben, ist nach der Art des Futters eingerichtet, das die Natur dem Tiere bestimmt hat, denn es muß seine Speise mit diesem Teile zuerst anfassen, ergreifen, abrupfen, abnagen, zerschneiden, sie auf eine oder andere Weise sich zueignen; deswegen ist er bald flach und mit Knorpeln versehen, bald mit stumpfern oder schärferen Schneidezähnen gewaffnet, oder erhält eine andere der Nahrung gemäße Gestalt.«[33]

Gerade in der besonderen Form des menschlichen Schädels mit seinem vergleichsweise flachen Gesicht ohne deutlich vorspringende Mundpartie sah Goethe den Grund für die Unauffälligkeit des auch darin vorhandenen Zwischenkieferknochens. Gemeinsam mit Loder stellte er eine Liste der einzelnen Knochenteile und Nähte mit lateinischen Bezeichnungen zusammen, die dem späteren Aufsatz beigegeben werden sollte. Außerdem waren für eine schlüssige Argumentation noch einige Vergleiche durchzuführen. Gut zwei Wochen nachdem Goethe den Fund erstmals vermeldet hatte, schrieb er Charlotte von Stein aus Jena:

»Mir geht es gut und freudig in der weitern Ausarbeitung des Knöchleins. Wir haben Löwen und Wallroße gefunden und mehr interessantes. Es wird aber nicht so auf Einen Ruck gehn wie ich dachte und uns weiter führen.«[34]

Tatsächlich hatte Goethe bei der weiteren Arbeit auch den Zwischenkieferknochen beim Walross nachweisen können, und spätestens damit war sein Ehrgeiz geweckt, sich über möglichst viele Tiere zu äußern, denen das *Os intermaxillare* bislang abgesprochen worden war. Denn aus seiner Sicht war es nach dem Befund am Menschen höchst unwahrscheinlich, dass überhaupt ein Säugetier ohne Zwischenkieferknochen existierte.

Da aber die Schädel einiger für die Untersuchungen besonders wichtiger Tierarten in Weimar und Jena nicht vorhanden waren oder sich die vorliegenden Exemplare für ein abschließendes Urteil nicht eigneten, kam es zu einigen Verzögerungen. Einer der komplizierten Fälle war der Elefant, bei dem Blumenbach das Fehlen des Zwischenkieferknochens bereits eindeutig festgestellt zu haben meinte. Goethe war sich zwar sicher, dass auch hier die entscheidenden Suturen vorhanden sein mussten, nur half ihm der Elefantenschädel aus dem Jenaer Museum kaum weiter. Sooft er ihn auch umrundete, Nähte waren daran nicht mehr zu erkennen, da das Tier bei seinem Tod schon sehr alt gewesen sein musste und alle Knochen längst miteinander verwachsen waren. Schließlich zeichnete Goethe auf dem riesigen Schädel sogar die Stellen ein, an denen er die Grenzen des Zwischenkieferknochens vermutete – aber das war alles andere als ein wissenschaftlicher Beweis. Dennoch wollte er auch hier den Nachweis führen und den Elefanten als größtes lebendes Landsäugetier unbedingt mit in seine Abhandlung aufnehmen.

Viele schriftliche Aufzeichnungen aus dieser frühen Arbeitsphase gingen verloren, erhalten sind vor allem Manuskripte, die Goethe seinem Schreiber Philipp Seidel diktiert und anschließend selbst korrigiert und präzisiert hat. Während der Vergleiche der Schädel hatte Goethe für sich einige Skizzen gezeichnet, auf denen die wichtigsten Formen und Nähte festgehalten waren. Ohne Bildbeigaben würde auch sein Bericht kaum auskommen können, denn wenn er darin den praktisch nicht zu erfüllenden Wunsch äußerte, »daß meine Leser Gelegenheit haben möchten die Schädel selbst dabei zur Hand zu nehmen«,[35] dann wären seine Beobachtungen doch wenigstens durch Abbildungen zu verdeutlichen. Da es dabei auf eine exakte Wiedergabe der vorliegenden Schädel und Knochenteile ankam, es aber vielen wissenschaftlichen Tafelwerken gerade an dieser Präzision mangelte, bat Goethe Johann Christian Wilhelm Waitz, einen talentierten Absolventen der Freien Zeichenschule in Weimar, genaueste Zeichnungen anzufertigen. Dabei sollten insbesondere die Maßgaben zur Perspektive berücksichtigt werden, die Pieter Camper für anatomische Darstellungen geprägt hatte, denn gerade ihm wollte Goethe das Manuskript als einem der ersten zur Bewertung vorlegen.

Im Mai 1784 waren bereits wichtige Teile des Textes mit Loders Beratung und Hilfe abgeschlossen. Bis zur Fertigstellung aller Zeichnungen, einer für Camper vorgesehenen Übersetzung ins Lateinische und der anschließenden Reinschrift waren aber noch einige Wochen, wenn nicht Monate einzuplanen. Erst dann würde die Fachwelt von der Arbeit erfahren, in der Goethe dem Menschen einen neuen Platz in der Naturgeschichte zuwies.

Durch seine Verpflichtungen am Hof des Herzogs und die naturwissenschaftlichen Forschungen war Goethes literarische Arbeit gelegentlich etwas in den Hintergrund geraten, ganz aufgegeben hatte er sie freilich nicht. Schon im vergangenen Jahr hatte er das Gedicht *Das Göttliche* verfasst, dessen erste Strophe nun merkwürdigerweise wie eine Vorahnung seiner Forschungsergebnisse wirkte:

Edel sei der Mensch,
Hülfreich und gut!
Denn das allein
Unterscheidet ihn
Von allen Wesen,
Die wir kennen.[36]

* * *

Im Juni sollte Goethe den Herzog und den gesamten Hof für fast einen Monat zum Landtag nach Eisenach begleiten. Um seine Forschungsarbeit darüber nicht unterbrechen zu müssen, sondern sogar ausweiten zu können, war er auf den Gedanken gekommen, Soemmerring um einen besonderen Gefallen zu bitten. Erst im Herbst des Vorjahres hatte Goethe ihn in Kassel getroffen und gemeinsam mit ihm den präparierten Elefanten betrachtet, den er bei seinem früheren Besuch in der Menagerie noch lebend gesehen hatte. Nur hatte ihn die Frage des Zwischenkieferknochens noch vor wenigen Monaten gar nicht beschäftigt, so dass er keine Beobachtungen angestellt oder sich genauere Aufzeichnungen dazu gemacht hatte. Seit der Sektion des Elefanten waren bei Soemmerring schon einige Anfragen eingegangen. So hatte Merck ihn für seine Vergleiche mit fossilen Funden darum gebeten, Zeichnungen einzelner Knochen anfertigen lassen zu dürfen. Soemmerring hatte sofort zugestimmt, aber auf Skizzen von Fremden wollte Goethe sich keinesfalls verlassen und formulierte daher am 14. Mai in einem Brief aus Weimar folgende Bitte:

»Die Zoologie macht mir manche angenehme Stunde und Sie könnten dieselben sehr vermehren, wenn Sie mir den Schädel Ihres Elephanten Skelettes nur auf vier Wochen borgen wollten, er sollte auf das gewissenhafteste verwahrt werden. Könnte ich dabei den Schädel des Nilpferdes erhalten, der, wenn ich nicht irre, im Museo liegt, so wäre es um desto angenehmer. Anfang Juni gehe ich nach Eisenach, könnte ich diese Köpfe dort antreffen, so brauchten sie nicht den Weg hieher zu machen, sondern ich schickte sie Ihnen von Eisenach gleich wieder zurück.«[37]

Als Goethe zum Landtag anreiste, war tatsächlich schon eine Lieferung aus Kassel eingetroffen. Den Nilpferdschädel hatte Soemmerring zwar nicht mitgeschickt, aber der Inhalt des sperrigen Pakets wirkte auch so verdächtig genug. An Charlotte von Stein schrieb Goethe, er halte den Elefantenschädel »im innersten Zimmergen versteckt damit man mich nicht für toll halte. Meine Hauswirthinn glaubt es sey Porzellan in der ungeheuren Kiste.«[38]

Schon ein erster Blick auf den Schädel zeigte, dass daran all das deutlich zu erkennen war, was Goethe sich in Jena allenfalls vorgestellt hatte, denn bei dem wesentlich jüngeren Kasseler Tier waren die Knochen noch längst nicht bis zur Unkenntlichkeit der Nahtstellen miteinander verwachsen. Der angeblich nicht vorhandene Zwischenkieferknochen des Elefanten war hier ganz eindeutig zu bestimmen und nahm den Teil des vorderen Schädels ein, auf dem der Ansatz des Rüssels auflag. Dies alles musste nun dringend von Waitz gezeichnet werden, um noch in die Abhandlung aufgenommen werden zu können. Wie die Erfahrung zeigte, würde das einige Zeit in Anspruch nehmen, zumal dann, wenn die Ansichten beider Elefantenschädel vergleichbar, also aus demselben Blickwinkel und im selben Maßstab angefertigt werden sollten. Daher bestätigte Goethe Soemmerring in seinem nächsten Brief nicht nur das Eintreffen des Schädels, sondern trug selbstbewusst gleich seine nächste außergewöhnliche Bitte vor:

»Mein Wunsch wäre nur ihn mit nach Weimar nehmen zu können, von da Sie ihn längstens Anfang September, wenn Sie ihn nicht eher brauchen, zurück haben sollen. [...] Wie sehr mich diese Wissenschaft, der ich im eigentlichen Sinne nur Minuten widmen kann, anzieht, werden Sie leicht fühlen, da Sie sich ihr ganz gewidmet haben. Welch Vergnügen würde es mir seyn, Ihnen bald einmal von meinen kleinen Bemühungen Rechenschaft geben zu können.«[39]

Soemmerrings Antwort ist nicht überliefert, sie muss jedoch positiv ausgefallen sein, denn Goethe ließ die Fracht weiter nach Weimar transportieren und stellte ausführliche Vergleiche mit dem Schädel aus Jena an. Wissenschaftlich einwandfrei war dieses Vorgehen freilich nicht, denn er verglich nicht nur die Knochen eines alten Elefanten mit denen eines wesentlich jüngeren, sondern auch diejenigen zweier unterschiedlicher Gattungen. Allerdings ist die differenzierte Zuordnung der Elefanten erst schrittweise und größtenteils nach dem Abschluss von Goethes Forschungen vorgenommen worden. Ursprünglich war von Carl von Linné nur eine einzige Elefantenart erfasst worden, nämlich *Elephas indicus* für die aus Asien stammenden Tiere. Erst wesentlich später und nach mehreren Zwischenschritten wurde die Benennung zu *Elephas maximus* geändert und für die in Afrika lebenden Tiere die eigene Bezeichnung *Loxodonta africana* eingeführt.

Die sehr unterschiedlichen Schädelformen der beiden Elefanten brachten Goethe jedenfalls zu der Erkenntnis, dass

»wenn bei dem jungen Subjekt die obere Kinnlade und das os intermaxillare schnabelartig hervorstreben und der ganze Kopf in die Länge gezogen erscheint, dagegen am ausgewachsenen das Ganze in ein beinahe regelmäßiges Quadrat einzuschließen ist.«[40]

Waitz, der sich bereits eingehend mit der Darstellung des Jenaer Schädels beschäftigt hatte, bekam nun den Auftrag, auch das Kasseler Exemplar aus vier Richtungen und in einem Viertel der Originalgröße zu zeichnen. Dabei wurden die bei der Sektion abgesägten Knochenteile am Schädeldach wieder in ihre ursprüngliche Position gebracht und so abgebildet, wie sie natürlich gewachsen waren. Auf Waitz' Vorderansicht des Schädels ist daher anstatt der deutlichen Sägespuren und Bruchstellen eine ungefähr an dieser Linie verlaufende Knochennaht zu sehen. Auch das möglicherweise von einer tödlichen Gewehrkugel stammende Loch an der Stirn des Jenaer Elefantenschädels hat er nicht in seine Zeichnung übernommen.

Während Goethe mit dem Kasseler Elefantenschädel nun ein hervorragendes Beispiel zur Bestimmung und Illustration des Zwischenkieferknochens vorlag, drängte sich

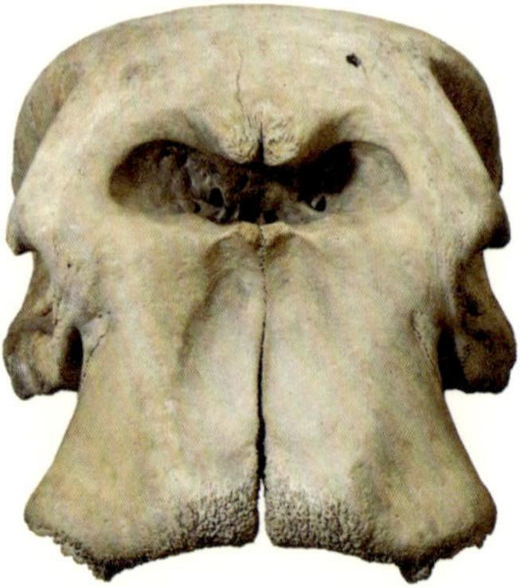

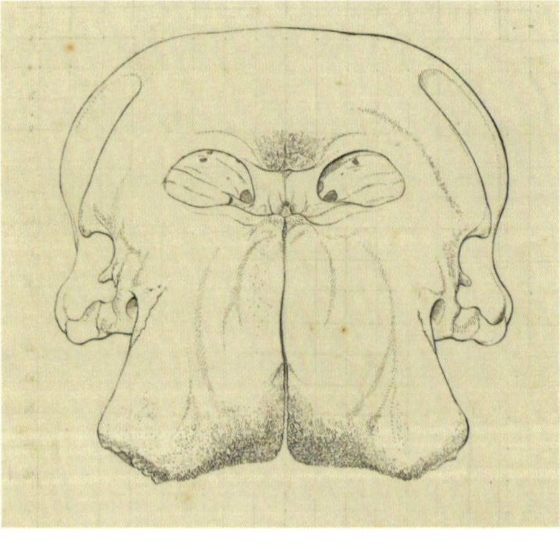

Vorderansicht des von Goethe untersuchten Schädels eines Afrikanischen Elefanten (Loxodonta africana) *aus der Museumssammlung in Jena und die zugehörige Zeichnung von Johann Christian Wilhelm Waitz, auf der es durch die Anwendung von Pieter Campers Darstellungsmethode zu leichten perspektivischen Verzerrungen kommt.*

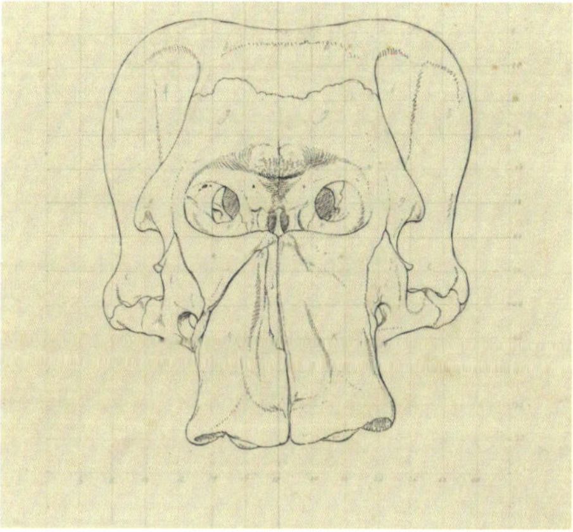

Schädel des Asiatischen Elefanten (Elephas maximus) *aus Kassel mit der bei der Sektion abgetrennten Schädeldecke und Waitz' Zeichnung von 1784, auf der der Unterkiefer nicht mit abgebildet wurde. Außerdem wurde anstatt der Trennstelle an der Schädeldecke eine dort ursprünglich vorhandene Knochennaht eingezeichnet.*

schon die nächste in Fachkreisen äußerst umstrittene Frage in den Vordergrund, nämlich die der Definition der Stoßzähne. Sie waren dem Afrikanischen Elefanten aus Jena als teuer gehandeltes Elfenbein wohl schon lange entnommen worden und fehlten dem Asiatischen Elefanten aus Kassel von Geburt an, was bei dieser Art nicht ungewöhnlich ist. Dass sie nicht vorhanden waren, war aber nicht das Problem, denn es ging nicht um die Zähne selbst, sondern um die Zuordnung ihrer Position. Wenn der Zwischenkieferknochen bei allen anderen Säugetieren und beim Menschen die Schneidezähne trug, so wären auch die Stoßzähne des Elefanten folglich als Schneidezähne anzusehen. Nach seinen bisherigen Beobachtungen tendierte auch Goethe zu dieser Ansicht, doch Loder widersprach ihm darin vehement. Er sah die Stoßzähne vielmehr als Eckzähne an, wonach Elefanten gar keine Schneidezähne hätten. Mit dem vorhandenen Material allein schien Goethe das Problem nicht eindeutig lösbar zu sein, aber es gab vielleicht eine Möglichkeit, die Frage präzise zu beantworten. Nach der Betrachtung des Elefantenschädels aus Jena hatte die Untersuchung des wesentlich jüngeren Kasseler Schädels entscheidende Erkenntnisse gebracht. Was nun, wenn man ein Tier in einem noch früheren Entwicklungsstadium finden und daran die Anlage der Knochen und der Zähne genauer betrachten könnte? Schließlich hatte sich auch der Zwischenkieferknochen des Menschen am deutlichsten an Embryos gezeigt und von dieser Beobachtung ausgehend bei Erwachsenen nachweisen lassen.

Bereits vor einigen Jahren war davon berichtet worden, dass der Herzog von Braunschweig für sein Museum einen in Weingeist aufbewahrten Elefantenfötus erworben habe. Die *Hamburgische Neue Zeitung* schrieb damals:

»Durch die glückliche Vermittlung Sr. Excellenz, des hiesigen Herrn Geheimraths Feronce von Rothencreutz, hat unser Fürstl. Naturaliencabinet eine Seltenheit erhalten, deren sich wohl kein anderes in Europa rühmen kann. Es ist dies nemlich ein ungeborner Ceylanischer gefleckter Elephant, wahrscheinlich männlichen Geschlechts. Man weiß, daß nur auf Ceylan, jedoch sehr selten, gefleckte Elephanten fallen, und daher gehört der Braunschweiger Elephantenembryo unter die allerseltensten, vielleicht bis jetzo einzigen, Cabinetstücke.«[41]

Erst im vergangenen Jahr hatte Eberhard August Wilhelm Zimmermann, Professor für Mathematik und Naturlehre am Braunschweiger Collegium Carolinum, dazu seine *Beschreibung und Abbildung eines ungebornen Elephanten* als Druck in deutscher und – um seine Arbeit international verbreitet zu sehen – auch in französischer Sprache vorgelegt. Als Beigabe lieferte er eine Bildtafel, die den Elefanten im Ganzen von der Seite und zusätzlich einige Details zeigt, auf die im Text genauer eingegangen wird. Zimmermanns Heft wird von Herder in seinen *Ideen zur Philosophie der Geschichte der Menschheit* ausdrücklich erwähnt,[42] und spätestens damit erfuhr auch Goethe von dem Elefantenfötus, den man in Braunschweig aufbewahrte. Und genau dorthin, nach Braunschweig, wollte Herzog Carl August noch in diesem

Sommer fahren. Er hatte Goethe in Eisenach sogar schon dazu aufgefordert, ihn auf der Reise zu begleiten, auf der es ein diplomatisches Kunststück zu vollbringen galt. Der Herzog wollte für die Bildung eines Fürstenbundes werben, in dem sich die Herrscher der kleineren Länder des Reiches zusammenschließen sollten, um nicht ständig den politischen Launen der Großmächte Preußen und Österreich ausgesetzt zu sein. Es war ein ehrgeiziger Plan Carl Augusts, zumal die Braunschweiger Herzogsfamilie, aus der auch seine Mutter stammte, mit beiden Häusern eng verbunden war. Um in solch schwierigen Situationen nicht auf Goethes direkte Unterstützung verzichten zu müssen, hatte Carl August schon vor Jahren beim Kaiser erwirkt, seinem engsten Berater einen Adelstitel zu verleihen, denn erst Johann Wolfgang *von* Goethe, wie er sich seit April 1782 nennen durfte, war die Anerkennung als Verhandlungspartner an fremden Höfen sicher.

Zusätzlich zur politischen Mission nahm sich Goethe für die Reise die Untersuchung des Elefantenfötus vor und stellte sich damit eine weitere diplomatische Aufgabe, die er zunächst mit Zimmermann verhandeln wollte. Dessen bisheriges Hauptwerk war eine eben abgeschlossene dreibändige *Geographische Geschichte des Menschen, und der allgemein verbreiteten vierfüßigen Thiere*, in die er der Vollständigkeit halber sogar eine Beschreibung des Einhorns aufgenommen hatte, obwohl ihm, wie er zu Beginn ausdrücklich anmerkt, die Zweifel an dessen Existenz durchaus bekannt waren. Die Liste seiner fachlichen Interessen war lang: Zimmermann

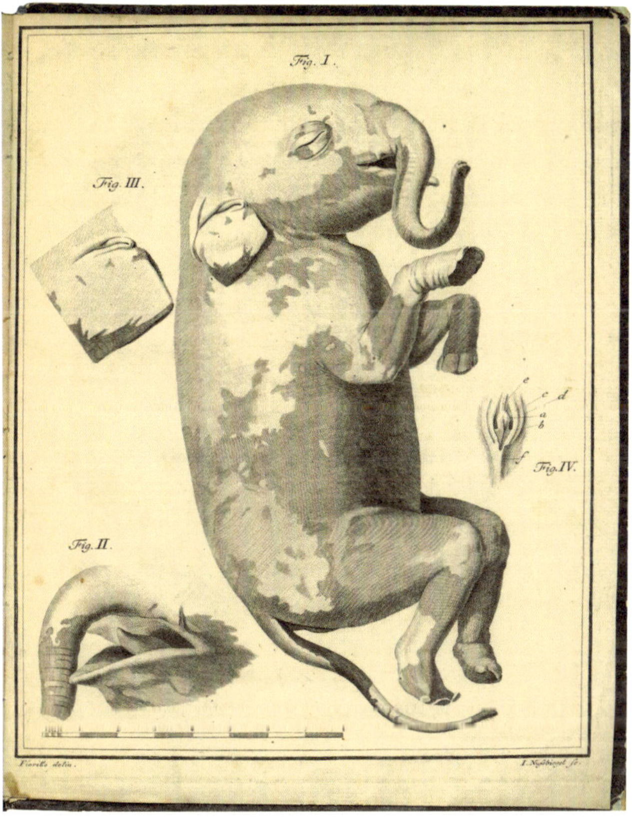

Tafel aus Eberhard August Wilhelm Zimmermanns Beschreibung und Abbildung eines ungebornen Elephanten *von 1783 nach Vorlagen von Johann Dominik Fiorillo.*

hatte *Beobachtungen auf einer Harzreise nebst einem Versuche, die Höhe des Brockens durch das Barometer zu bestimmen* gemacht und *Über die Kompressibilität und Elastizität des Wassers* geschrieben. Er besaß eines der modernsten Mikroskope von Adams in London, das er Besuchern gern demonstrierte, indem er gemeinsam mit ihnen die Schuppen auf Mückenflügeln betrachtete. Im Frühjahr hatte er im Auftrag seines Herzogs gemeinsam mit dem Apotheker Heyer erfolgreiche Experimente mit einem unbemannten Ballon angestellt, der mit Wasserstoff gefüllt vom Braunschweiger Schlossplatz über 75 Kilometer weit geflogen war. Reichlich Gesprächsstoff hätte sich mit Goethe, der erst im Juni von seinem Garten in Weimar einen ähnlichen Ballon hatte aufsteigen lassen, also leicht finden lassen. Das Problem war jedoch, dass Zimmermann im 1778 erschienenen ersten Teil seiner *Geographischen Geschichte* über einen Vergleich von Menschen und Affen festgehalten hatte:

»Ein zweiter Unterschied findet sich noch an dem Kopfknochen des Ourangs. Dieser hat nemlich, wie die übrigen Affen, ein eigenes Bein, einen keilförmigen Einsaz, welcher die Schneidezähne der obern Kinnlade enthält, da hingegen dieser Theil bey dem Menschen keinen besonderen Knochen ausmacht.«[43]

Dass damit auch Zimmermann als ausgewiesener Fachmann die Meinung vertrat, der Mensch habe keinen Zwischenkieferknochen, schien Goethe, der sich der Bedeutung seiner Entdeckung sicher war, nicht zu verunsichern. Wenige Tage vor seiner Abreise schrieb er an Merck, er wolle

»in Braunschweig dem ungebohrnen Elephanten in das Maul sehen und mit Zimmermannen ein wakeres Gespräch führen. Ich wollte wir hätten den Fötus den sie in Braunschweig haben in unserm Kabinette, er sollte in kurzer Zeit, sezirt, skeletirt und preparirt seyn. Ich weiß nicht wozu ein solches Monstrum in Spiritus taugt wenn man es nicht zergliedert und den innern Bau aufklärt.«[44]

* * *

In Braunschweig bestaunte Goethe aber erst einmal ein ganz anderes Tier. Bei seiner Ankunft war gerade Sommermesse, zu der wie in jedem Jahr Händler aus dem In- und Ausland angereist waren. In der überfüllten Stadt wurden in diesen Tagen sogar die Straßenlaternen später als sonst gelöscht und mit herzoglicher Erlaubnis machte auf dem Kohlmarkt auch eine Menagerie – ohne Elefanten – Station. Die *Braunschweigischen Anzeigen* kündigten an, dass dort eine »asiatische Löwin« und »ein schöner Tyger aus der Barbarey, an dessen drohender Miene, scharfen Zähnen, spitzigen Klauen, und listigen Augen man seine Wildheit zur Genüge erkennt«, gezeigt würden. Die eigentliche Attraktion aber kam aus dem Süden Afrikas. Darüber wurde berichtet,

»daß dieses Thier, der Zebra, alle diejenigen, die es bisher in Augenschein genommen, in die größte Verwunderung gesetzt hat, und auf die Muthmaßung verleitet, daß es gemahlt wäre, weil es ihnen unglaublich schien, daß die Natur ein solches Geschöpf hervorbringen könne, indem es so regelmäßig gezeichnet, und seine braune, weisse und schwarze

Streifen so ordentlich am Leibe ablaufen, daß sie der beste Zeichner nicht schöner anbringen könnte.«[45]

Auch Goethe war beeindruckt und berichtete Charlotte von Stein, dass er

»einen gestreiften Esel sah, der mir große Freude machte. Seine Form ist die eines wirklichen Esels, nicht anders als leicht und schön, aber das Aussehen, von dem er seinen Namen hat, ist so reizend, dass es unmöglich ist, ihn zu beschreiben oder nur sich vorzustellen.«[46]

Als Goethe diesen Brief am 14. August schrieb, war er schon seit einigen Tagen in der Stadt. Eine Woche zuvor war der Herzog mit einigen Begleitern von Weimar in Richtung Norden aufgebrochen und Goethe mit Oberstallmeister von Stein, dem Zeichner Georg Melchior Kraus und seinem Diener Christoph Sutor am Abend nachgereist [47], während sich Waitz in Weimar weiter um die Abbildungen der Schädel kümmerte. Kraus blieb schon auf dem Hinweg in den Bergen, um dort in Goethes Auftrag Zeichnungen von Gesteinsformationen anzufertigen. Nach einem Achsbruch an der Kutsche und einem gemeinsamen Aufenthalt in Zellerfeld war der Rest der Reisegesellschaft über Goslar nach Braunschweig weitergefahren. Goethe hatte geplant, nach Abschluss der diplomatischen Mission und der Untersuchung des Elefantenfötus in den Harz zurückzukehren, um dort mit seinen parallel durchgeführten geologischen Erkundungen voranzukommen und am 28. August seinen 35. Geburtstag auf dem Brocken zu feiern.

Am Braunschweiger Hof waren sie freundlich empfangen worden. Herzog Carl Wilhelm Ferdinand war seinerzeit ein berühmter Feldherr und regierte als Nachfolger seines vier Jahre zuvor verstorbenen Vaters Herzog Carl I., der gleichzeitig Herzog Carl Augusts Großvater mütterlicherseits gewesen war, so dass die bevorstehenden politischen Gespräche also zwischen Onkel und Neffen geführt wurden. Zuletzt war Carl August dreizehn Jahre zuvor noch als Kind mit seiner Mutter, Herzogin Anna Amalia, und seinem jüngeren Bruder Constantin bei den Großeltern in Braunschweig gewesen. Damals hatte man für die Gäste alles aufgeboten, was an Prachtentfaltung möglich war. Auf den Wällen der Stadtbefestigung war bei ihrer Ankunft aus fünfzig Kanonen Salut geschossen worden, und in den vier Wochen des Besuchs hatte die Herzogsfamilie sechs Opern gesehen, mehrere Hofbälle gegeben und an Reitvorführungen teilgenommen. Außerdem hatte sich der junge Carl August gemeinsam mit seinem Bruder zweimal das Kunst- und Naturalienkabinett angesehen, das ihr Großvater 1754 als erstes Museum auf dem Kontinent für Besucher geöffnet hatte. Einmal waren die staunenden Enkel sogar von Herzog Carl selbst durch das Haus geführt worden. Das Museum befand sich im Obergeschoss einer ehemaligen Klosteranlage, wo die ersten Räume mit der Kupferstichsammlung und einer Spezialbibliothek gefüllt waren, woran sich mehrere Säle mit Kunstwerken anschlossen. Durch sie gelangte man in die naturhistorische Abteilung, in die 1780 auch der Elefantenfötus aufgenommen worden war. Nach dem Tod Herzog Carls im selben Jahr hatte Museumsdirektor Johann Heinrich Häberlin zur Modernisierung der Sammlung mehrere hundert Gläser mit Präparaten umsortiert und war von der bisherigen eher dekorativen Anordnung zu einer systematischen Aufstellung übergegangen. Wo immer es möglich war, wurden die Ausstellungsstücke dabei nach der Nomenklatur des schwedischen Naturforschers Carl von Linné in die Regale einsortiert, der über Jahrzehnte ein umfassendes und weit beachtetes Ordnungsschema der Pflanzen und Tiere entwickelt hatte. Dieser Idee folgend fand der Elefantenfötus seinen Platz gleich nach den präparierten Körperteilen von Menschen und Affen.

Wie genau das außergewöhnliche Präparat jedoch nach Braunschweig gelangt war, ist trotz der Zeitungsberichte und Zimmermanns Beschreibung weitgehend unbekannt. Angesichts der strengen Sparpolitik, die Herzog Carl Wilhelm Ferdinand wegen der enormen Staatsverschuldung bereits zur Regierungszeit seines Vaters durchgesetzt hatte, ist vor allem fraglich, wer den zweifellos sehr hohen Ankaufspreis bezahlt haben mag. Aus Zimmermanns Bericht ist zu erfahren, dass der Elefant durch Vermittlung und damit möglicherweise sogar als Geschenk des braunschweigischen Ministers Jean Baptist Feronce von Rotenkreutz in das Museum gekommen war, der enge Kontakte in die Niederlande unterhielt. Dorthin war das Präparat – wie seinerzeit der lebende Kasseler Elefant – aus Ceylon gelangt, das von der Niederländischen Ostindien-Kompanie beherrscht wurde. Was mit dem Muttertier geschehen war und wer die Entscheidung getroffen hatte, dem verendeten Fötus die Eingeweide zu entnehmen

Die Insel Ceylon, heute Sri Lanka, auf der Zoologischen Weltcharte *zu Eberhard August Wilhelm Zimmermanns* Geographische Geschichte des Menschen, und der allgemein verbreiteten vierfüßigen Thiere *von 1778.*

und ihn rechtzeitig vor Beginn der Verwesung in ein Gefäß mit Weingeist zu legen, ist ebenfalls nicht überliefert. Jedenfalls waren bereits mehrere ausführliche Anleitungen zum fachgerechten Konservieren von Tierkörpern in Umlauf, die sich ausdrücklich an Missionare und Reisende in fernen Ländern wandten.

Gleich nach der Ankunft des präparierten Elefanten in Braunschweig dürfte sich Zimmermann als Fachgelehrter damit beschäftigt und ihn bis ins Detail beschrieben und vermessen haben. Bis zur Publikation seiner Arbeit waren aber noch fast drei Jahre vergangen, in denen er mit dem gebürtigen Niederländer Marcel Bles van Moergestel korrespondierte, der in Ceylon lebte und dort Elefanten beobachtet hatte, über deren Verhalten er zahlreiche Neuigkeiten liefern konnte. Doch trotz dieser Informationen aus erster Hand musste Zimmermanns Abhandlung an einigen Stellen fehlerhaft bleiben. So war er bei der Altersbestimmung des knapp 37 Zentimeter langen Fötus der Angabe Bles van Moergestels von einer neunmonatigen Trächtigkeit gefolgt, die bei Asiatischen Elefanten aber mindestens doppelt so lang dauert. In einem für ihn naheliegenden Entwicklungs- und Größenvergleich mit menschlichen Embryonen hatte Zimmermann für den Elefantenfötus ein ungefähres Alter von drei Monaten errechnet, das tatsächlich aber neun oder zehn Monate betragen dürfte.[48] Dennoch war sein Bericht ein bedeutender Beitrag zur Forschungsgeschichte, mit dem das ohnehin seltene Präparat weiter aufgewertet wurde. Als vergleichbares Stück war bis dahin überhaupt nur der Fötus eines Afrikanischen Elefanten beschrieben worden, den der Sammler Albertus Seba 1734 in seinem berühmten *Thesaurus* abgebildet hatte.[49] Somit hatte der Elefant in Braunschweig einen wesentlich höheren ideellen Wert erhalten, als Goethe aus der Ferne angenommen haben mag. Mit einer so unkomplizierten Erfüllung seines Wunsches wie bei Soemmerring in Kassel konnte er hier jedenfalls nicht rechnen, zumal eine Unterstützung durch Zimmermann, dessen Wort am Hof einiges Gewicht hatte, nahezu ausgeschlossen war.

Und tatsächlich hat Goethe den Elefantenfötus bei seiner Abreise unangetastet zurücklassen müssen. Ob und wie sehr er sich in Braunschweig überhaupt noch um eine Erlaubnis zur Sektion bemüht hat, lässt sich aus keiner Quelle ableiten. Zwar kann aus seinen Briefen und aus der Ausgabenliste seines Dieners Sutor der Reiseverlauf von der Besorgung der Eintrittskarten für das Komödienhaus bis zur Reinigung der Seidenstrümpfe genau nachvollzogen werden,[50] eine Anmerkung zu einem Besuch im Museum oder einem Treffen mit Zimmermann ist darin jedoch nicht zu finden. Da außerdem das früher genau geführte Besucherbuch des Museums bereits seit längerer Zeit nicht mehr benutzt wurde und auch kein Briefwechsel zwischen Goethe und Zimmermann überliefert ist, gibt es nicht einmal einen Beleg dafür, dass Goethe den Elefantenfötus überhaupt gesehen hätte. Andererseits wird er das Naturalienkabinett als eine der prachtvollsten Einrichtungen der Stadt sicher besucht haben, zumal es für alle Fremden und besonders für Gäste des Hofes zum Pflichtprogramm gehörte.

Eine Untersuchung des Präparats, die ziemlich sicher dessen Beschädigung oder sogar Zerstörung zur Folge gehabt hätte, wäre aber keinesfalls ohne die Erlaubnis des regierenden Herzogs möglich gewesen. Und damit stellt sich die Frage, ob es statthaft oder auch nur denkbar gewesen wäre, dass Herzog Carl August seinen Onkel Carl Wilhelm Ferdinand am Rande der komplizierten politischen Verhandlungen darauf angesprochen hätte, ob der mitreisende Geheime Legationsrat von Goethe wohl sein Skalpell auspacken und für seine Forschungsarbeit das Prunkstück der naturhistorischen Sammlung zergliedern dürfe. Die Antwort wäre vermutlich und absehbar ein deutliches Nein gewesen, und so ist es sehr unwahrscheinlich, dass das Anliegen an dieser Stelle überhaupt zur Sprache gekommen ist.

Bezeichnenderweise erwähnt Goethe den Elefantenfötus nach seiner früheren Absichtserklärung gegenüber Merck in keinem seiner Briefe oder Texte mehr und so blieb die Reise nach Braunschweig letztlich ein Familienbesuch des Herzogs, bei dem es galt, politisches Geschick zu zeigen, die Etikette zu wahren und nicht durch unziemliches Verhalten aufzufallen. Auf ausdrückliche Bitte von Herzogin Philippine Charlotte hat sich Carl August in diesen Tagen noch von Johann Heinrich Schröder malen lassen, dessen Pastellbilder am Hof gerade besonders beliebt waren. Schon vor Jahren war der Herzog auf einem Gemälde von Johann Ernst Heinsius aufgefallen, auf dem er mit seinen eigenen kurzgeschnittenen Haaren in modernster Frisur zu sehen ist, doch als er für Schröders Bild Modell saß, trug er sei-

Herzog Carl August von Sachsen-Weimar-Eisenach *im August 1784 in diplomatischer Mission in Braunschweig, kolorierter Druck nach einem Pastell von Johann Heinrich Schröder.*

ner Großmama zuliebe wieder eine gepuderte Perücke nach der herkömmlichen Mode. Bei seiner Abreise durfte er sich zumindest vorsichtige Hoffnungen auf einen Beitritt seines Onkels zum Fürstenbund und damit auf einen Erfolg seiner diplomatischen Bemühungen machen.

* * *

Mitte September kam Goethe aus dem Harz zurück nach Weimar. Weil sich die Verhandlungen hingezogen hatten, musste er seinen Geburtstag statt auf dem Brocken noch an der Seite des Herzogs in Braunschweig verbringen. Zwar war dort an jenem Abend Antonio Salieris Oper *La scuola de' gelosi* gegeben worden, die ihm sehr gut gefallen hatte, aber den Elefantenfötus hatte er nicht seziert und die Frage, ob die Stoßzähne Schneide- oder Eckzähne waren, war noch immer unbeantwortet. Dabei war Goethes frühere – und zutreffende – Beobachtung, dass es sich um Schneidezähne handelt, wohl überhaupt erst durch Loders Einspruch ins Wanken geraten. Goethe hätte sich ihm gegenüber leicht auf den französischen Naturforscher Louis Jean-Marie Daubenton berufen können, der schon 1754 eine eindeutige Definition vorgenommen hatte, die nach anfänglichen Zweifeln selbst von Pieter Camper anerkannt worden war. Aber offenbar hat er Loder nach der gemeinsamen Arbeit der vergangenen Monate nicht offen widersprechen wollen und tendierte nun selbst zu dessen Ansicht. Später formulierte er noch eine ausgleichende, aber falsche Erklärung, wonach die Stoßzähne am Schädel von einer besonderen Knochenlamelle eingeschlossen seien. Als zufriedenstellend kann Goethe diese Situation nicht empfunden haben, denn er entschied sich schließlich, seine Beobachtungen an den Elefantenschädeln und die zugehörigen Zeichnungen nicht mit in seine Abhandlung aufzunehmen, obwohl er in den vergangenen Monaten gerade um sie den größten Aufwand getrieben hatte. Damit ging er jedoch der Gefahr aus dem Weg, dass sein Nachweis des Zwischenkieferknochens beim Elefanten und in der Folge möglicherweise seine gesamte Arbeit durch eine falsche Erklärung zu den Stoßzähnen relativiert worden wäre. Für den Moment verhinderte er so außerdem weitere Unstimmigkeiten mit Loder, den er gerade erst empfindlich getroffen hatte, als er ihm mitteilte, die Forschungsergebnisse zuallererst in einem ausführlichen Brief an Soemmerring schicken zu wollen. Goethe war bis dahin offenbar nicht bekannt gewesen, dass es zwischen Loder und Soemmerring während ihrer gemeinsamen Göttinger Zeit vor einigen Jahren zu einer heftigen persönlichen Auseinandersetzung gekommen war, deren genaue Hintergründe nicht bekannt sind, die aber dazu geführt hatte, dass beide den Kontakt zueinander abgebrochen hatten. Nach Goethes Ankündigung teilte Loder ihm dies in einem Brief mit, in dem er außerdem deutlich erkennen ließ, dass er kaum zu einer weiteren Zusammenarbeit bereit wäre, wenn Goethe den Bericht Soemmerring mit seinem Brief gewissermaßen widmen würde.

Ohne die Elefanten blieb es in Goethes Forschungsbericht bei den Erklärungen und Schautafeln zum Zwischenkieferknochen beim Pferd, Ochsen, Fuchs, Löwen, Walross,

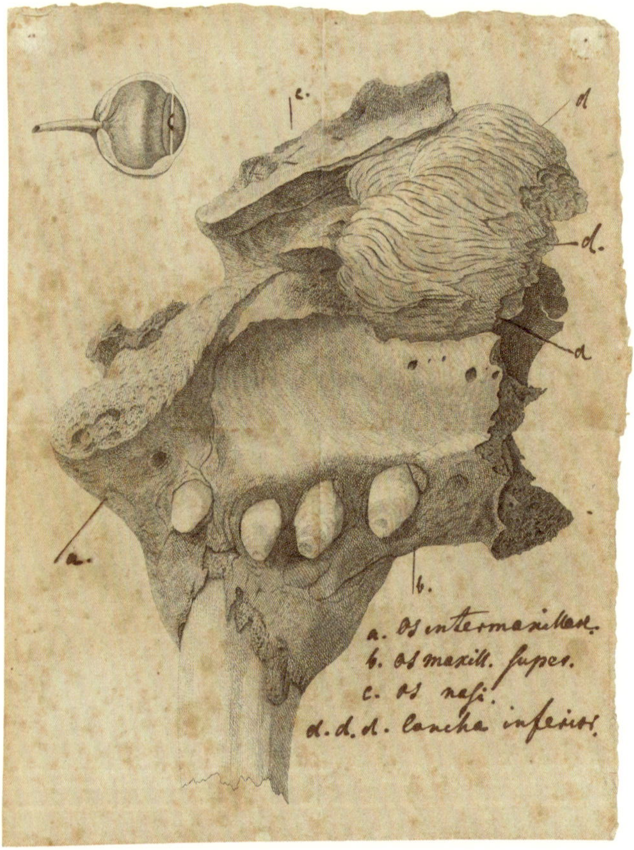

Rechte Oberkieferhälfte eines jungen Walrosses von der Innenseite, der Zwischenkieferknochen ist links mit dem Buchstaben a bezeichnet, Zeichnung von Johann Christian Wilhelm Waitz zur Vorbereitung der »Prachthandschrift« von 1784.

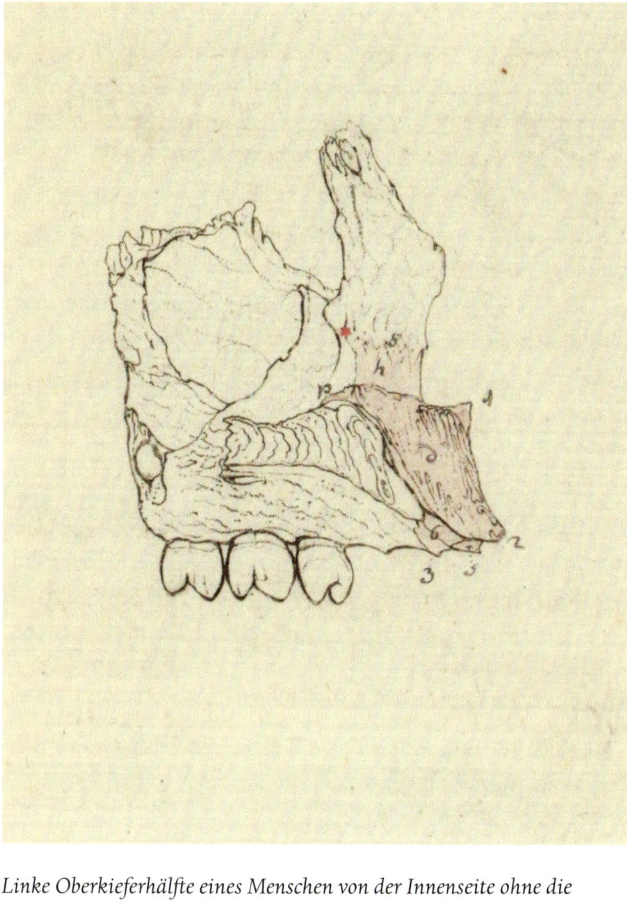

Linke Oberkieferhälfte eines Menschen von der Innenseite ohne die Schneidezähne, der Zwischenkieferknochen ist farbig hervorgehoben, Zeichnung von Waitz aus der »Prachthandschrift« von 1784.

Affen und selbstverständlich beim Menschen. Dies war noch immer eine repräsentative Auswahl sehr unterschiedlicher Schädelformen, an denen sich die Entdeckung bestens demonstrieren ließ. Gerade das Walross war Goethe in dieser Reihe wichtig, da es eine ähnlich flache Gesichtsform wie der Mensch hat und sich so besonders für Vergleiche eignet. Der Elefant dagegen wird im Text nur noch in einem, allerdings entscheidenden Satz erwähnt:

»Welch eine Kluft zwischen dem *os intermaxillare* der Schildkröte und des Elefanten, und doch läßt sich eine Reihe Formen dazwischen stellen die beide verbindet. Das was an ganzen Körpern niemand leugnet, könnte man hier an einem kleinen Teile zeigen.«[51]

Loder korrigierte in den Ausführungen nur noch einige Kleinigkeiten und kümmerte sich anschließend um die Übersetzung ins Lateinische, die Camper vorgelegt werden sollte. Für ihn und für Herzog Ernst II. von Sachsen-Gotha, einen Verwandten Herzog Carl Augusts, der sich für naturwissenschaftliche Fragen begeisterte, plante Goethe die Anfertigung von zwei besonders aufwendigen Exemplaren seiner Arbeit. Dafür beauftragte er seinen Schreiber Christian Georg Karl Vogel mit der Reinschrift des Textes auf großformatigen Papierbogen. Gleichzeitig fertigte Waitz zwei Serien der Zeichnungen auf zehn Bildtafeln mit insgesamt achtzehn einzelnen Darstellungen an. Der endgültige Titel dieser später als »Prachthandschrift« bezeichneten Zusammenstellung lautete *Versuch aus der vergleichenden Knochenlehre daß der Zwischenknochen der obern Kinnlade dem Menschen mit den übrigen*

Thieren gemein sey. Goethe blieb als Verfasser im Hintergrund und nannte seinen Namen weder auf der Titelseite noch im Text, wobei allen zukünftigen Lesern zweifellos bekannt sein würde, wer der Urheber dieses Werkes war. Ähnlich bescheiden beginnt seine Einleitung:

»Einige Versuche osteologischer Zeichnungen sind hier in der Absicht zusammengeheftet worden, um Kennern und Freunden vergleichender Zergliederungskunde eine kleine Entdeckung vorzulegen, die ich glaube gemacht zu haben.«[52]

Noch während Vogel und Waitz mit ihren Vorbereitungen beschäftigt waren, las Goethe seinen Text im November bei Herder vor und schickte eine weitere Abschrift an seinen Freund Carl Ludwig Knebel, dem er dazu mitteilte:

»Ich habe mich enthalten das Resultat, worauf schon Herder in seinen Ideen deutet, schon ietzo mercken zu lassen, daß man nämlich den Unterschied des Menschen vom Thier in nichts einzelnem finden könne. Vielmehr ist der Mensch aufs nächste mit den Thieren verwandt. Die Übereinstimmung des Ganzen macht ein iedes Geschöpf zu dem was es ist, und der Mensch ist Mensch sogut durch die Gestalt und Natur seiner obern Kinlade, als durch Gestalt und Natur des letzten Gliedes seiner kleinen Zehe Mensch. Und so ist wieder iede Creatur nur ein Ton eine Schattirung einer grosen Harmonie, die man auch im ganzen und grosen studiren muß sonst ist iedes Einzelne ein todter Buchstabe. Aus diesem Gesichtspunckte ist diese kleine Schrifft geschrieben, und das ist eigentlich das Interesse das darinne verborgen.«[53]

Kurz vor Weihnachten 1784 lagen beide Exemplare der

Prachthandschrift mit den gezeichneten Tafeln in Halbleder gebunden zum Versand vor. Das für Camper bestimmte Exemplar wollte Goethe zunächst noch an Soemmerring geben, der inzwischen eine Professur in Mainz angetreten hatte. Da dies nach Loders früheren Einwänden aber kaum auf direktem Weg geschehen konnte, bat er Merck um Hilfe, der mit Camper bereits ausführlich korrespondiert hatte und die Zustellung an ihn und zuvor an Soemmerring organisieren sollte. Am nächsten Tag schickte Goethe die zweite Ausfertigung an den Herzog von Sachsen-Gotha. Im Begleitbrief gab er sich so zurückhaltend wie in der Einleitung seiner Arbeit:

»Ich werde nur erst abwarten wie es die Herren vom Handwercke aufnehmen daß ein Laye in einem so bekannten Lande eine neue Entdeckung gemacht haben will. Ich habe deswegen von allen weiteren Aussichten zu denen man auf diesem Weege gelangen könnte stille geschwiegen um nicht zu früh durch hypothetische Behauptungen verdächtig zu werden.«[54]

Für die Zukunft stellte er aber bereits weitere Arbeiten auf dem Gebiet in Aussicht, die er – das Interesse des Herzogs vorausgesetzt – sofort zusenden würde. Außerdem bat Goethe bei dieser Gelegenheit gleich noch um die Ausleihe eines Wolfsschädels aus der Gothaer Kunstkammer, den er für neue Vergleiche benutzen und nach dem Zeichnen sofort zurückschicken wollte. An Friedrich Heinrich Jacobi schrieb er kurz danach:

»Mein Osteologischer Versuch, wodurch ich den berüchtigten Zwischenknochen auch dem Menschen zueigne, ist an Campern fort. Wünsche mir Glück zu dieser neu betretnen Laufbahn.«[55]

Goethe schien guter Dinge zu sein, nur die Elefanten sorgten weiter für Verdruss: Als er den seit Monaten ausgeliehenen Schädel nach Abschluss der Untersuchungen endlich auf den Rückweg nach Kassel bringen wollte, weigerte sich der Postkutscher, die schwere und sperrige Kiste mitzunehmen, so dass eigens ein Fuhrmann beauftragt werden musste, der für den Transport zwei Taler verlangte.[56]

* * *

Mit der etwas umständlichen Lösung, die Prachthandschrift über Merck zuerst an Soemmerring und anschließend an Camper schicken zu lassen, hatte Goethe eigentlich Spannungen mit Loder umgehen wollen. Tatsächlich aber führte genau dieses Vorgehen zu neuen Problemen, die er durchaus hätte erahnen können. Denn erst mit der Übersendung der Arbeit am 19. Dezember 1784 erfuhr Merck, woran genau sein Freund seit Monaten gearbeitet hatte. Bis dahin hatte Goethe zum eigentlichen Gegenstand seiner Forschungen allenfalls Andeutungen gemacht, Merck aber gleichzeitig immer wieder um Hilfe und Auskünfte gebeten. Selbst in seinem Begleitbrief zur Prachthandschrift hatte er noch nach weiteren Aufzeichnungen Mercks gefragt. Auch Soemmerring war von Goethe in einem getrennt vom Manuskript verschickten Brief um neues Material gebeten worden, das er in der von ihm gewohnten Großzügigkeit umgehend zum Versand vorbereitete. Um keinen Fehler in der Anrede zu

Johann Wolfgang von Goethe, *Gemälde von Joseph Friedrich August Darbes aus dem Jahr 1785.*

machen, erkundigte er sich vor dem Absenden vorsichtshalber noch bei Merck: »Titulirt man Goethe Excellenz?«[57] Die Antwort lässt bereits erahnen, wie verstimmt Merck über Goethes Verhalten war, denn er fragte spitz zurück: »Wer wird Goethen Excellenz schimpfen?«[58]

Bald danach traf in Weimar eine ausführliche Antwort Soemmerrings ein, der die Prachthandschrift genau gelesen hatte. Wie zahlreiche an Goethe gerichtete Schreiben aus diesen Jahren ist auch dieser Brief nicht erhalten geblieben, doch lassen sich die Inhalte meist aus anderen Dokumenten erschließen. In diesem Fall hatte auch Merck einen entsprechenden Kommentar Soemmerrings erhalten, in dem er weiterhin deutlich ablehnte, dass der Mensch einen Zwischenkieferknochen habe, und erklärte, die von Goethe als verwachsene Knochennähte angesehenen Stellen seien niemals Nähte gewesen. Goethe bemerkte dazu gegenüber Merck: »Von Sommr. habe ich einen sehr leichten Brief. Er will mir s gar ausreden. Ohe!«[59] Er versuchte noch, Soemmerring mit den Originalen der von ihm untersuchten Schädelknochen zu überzeugen, die er ihm zuschicken ließ, aber Soemmerring lenkte nicht ein. Goethe hatte dies bereits geahnt, als er Merck schrieb: »Ich glaube noch nicht daß er sich ergiebt. Einem Gelehrten von Profession traue ich zu daß er seine fünf Sinnen abläugnet.«[60]

Bis zur Ankunft der mit Spannung erwarteten Antwort Campers musste Goethe sich dagegen noch lange gedulden, denn die Prachthandschrift traf mit Verzögerungen und auf Umwegen erst Mitte September 1785 in Holland ein, wo

Camper sie gleich studierte und umgehend eine Stellungnahme dazu verfasste. Zur Lektüre nahm er sich die deutsche und nicht die eigens für ihn angefertigte lateinische Fassung vor, die ihm nicht präzise genug erschien. Die von Waitz angefertigten Tafeln hielt er dagegen für hervorragend und lobte sie ausdrücklich. Auch den Nachweis des Zwischenkieferknochens beim Walross konnte Camper nachvollziehen und bestätigte den Fund. Mit seinen Ausführungen zum Zwischenkieferknochen des Menschen brachte Goethe ihn dagegen in eine sehr unangenehme Lage, denn gerade Camper hatte den angeblich fehlenden Knochen immer wieder als das deutlichste Unterscheidungsmerkmal zwischen Menschen und Säugetieren hervorgehoben und sich mit dieser Lehrmeinung beinahe überall durchgesetzt. Und nun sollte er Goethes Arbeit als richtig anerkennen und damit gleichzeitig einer seiner eigenen zentralen Thesen widersprechen? Dazu war Camper offensichtlich nicht bereit. Nicht einmal bei menschlichen Föten wollte er den Zwischenkieferknochen nun noch erkennen, obwohl selbst seine Anhänger nicht bestritten, dass in diesem Entwicklungsstadium sichtbare Knochennähte vorhanden sind. In seinen nächsten Briefen an Merck fand Camper eine wenig souveräne Lösung: Er schwieg über den Zwischenkieferknochen des Menschen und ging so mit keinem Wort auf den zentralen Punkt in Goethes Arbeit ein. Genau wie übrigens auch Merck in seinem Begleitschreiben an Camper nicht ausdrücklich davon gesprochen und stattdessen die weitaus weniger sensationelle Entdeckung des Knochens am Walross in den Vordergrund geschoben hatte.

Die entsprechenden Briefe zwischen Camper und Merck waren schon bald nach dem Eintreffen der Prachthandschrift gewechselt worden, aber Goethe wartete weiter auf Campers Reaktion. Im Frühjahr 1786 wunderte er sich noch immer über das Schweigen, bis Merck ihm endlich einen Brief Campers nach Weimar weiterschickte. Dass die Korrespondenz diesen Umweg nahm, erwies sich als großer Fehler, denn Merck enthielt Goethe die zwei vorangegangenen Briefe Campers mit dessen ersten Reaktionen weiterhin vor, wie Goethe aber erst aus einem späteren und direkt an ihn geschickten Schreiben Campers deutlich wurde. So mischte sich die große Enttäuschung über dessen ablehnende Haltung zum Zwischenkieferknochen des Menschen mit dem Befremden über Mercks Verhalten.

Beinahe gleichzeitig kam Goethe auch noch ein Auszug aus dem Jahresbericht der Académie Royale des Sciences in Paris in die Hände. In seinem Beitrag *Observations anatomiques sur trois Singes* lieferte Félix Vicq d'Azyr, Leibarzt der französischen Königin Marie Antoinette und einer der herausragenden Anatomen seiner Zeit, darin den Beweis, dass der Mensch einen Zwischenkieferknochen habe, wobei eine der beiliegenden Abbildungen zum Oberkiefer des Menschen der entsprechenden Zeichnung von Waitz auch noch frappierend ähnlich sah. Vicq d'Azyrs Arbeit war bereits 1780 entstanden, aber trotz ihrer Bedeutung erst 1784 in Druck gegeben worden, so dass sie – genau wie Goethes eigene Abhandlung – zunächst nur wenigen bekannt gewesen war. Selbst nach der Publikation hatte es noch zwei Jahre gedauert, bis die Nachricht davon bis zu Goethe durchgedrungen war. Gegenüber Charlotte von Stein bemerkte er: »Es ist Wort für Wort was mir der gute Geist schon lange sehen lassen und ich habe grose Lust mit Herrn Vicq d'Azyr mich zu liiren.«[61] Kurzzeitig dachte Goethe wohl tatsächlich darüber nach, mit Vicq d'Azyr einen gemeinsamen Vorstoß in der Sache zu unternehmen, aber dass er nach zwei deutlichen Ablehnungen seiner Arbeit nun auch noch einem Forscherkollegen den Vortritt lassen musste und nicht etwa als Entdecker oder doch wenigstens als Wiederentdecker des menschlichen Zwischenkieferknochens gelten konnte, muss ihn tief getroffen haben und führte dazu, dass er zukünftig auch an entscheidenden Stellen nie auf Vicq d'Azyrs Arbeit hinwies oder daraus zitierte.

Nach Soemmerring und Camper äußerte sich schließlich auch noch Blumenbach, der nicht zu den ersten Empfängern der Arbeit gehörte, und erkannte Goethes Fund beim Menschen ebenfalls nicht an. Selbst Loder hielt sich zunächst merklich zurück und wies seltsamerweise nicht auf Goethes Forschungsergebnis hin, als er Vicq d'Azyrs Beitrag zum Zwischenkieferknochen beim Menschen positiv besprach. Erst im ersten Band seines *Anatomischen Handbuchs* von 1788 lobt er Goethes Arbeit in einer Anmerkung:

»Ich habe das Vergnügen gehabt, ein Zeuge seiner scharfsinnigen Untersuchung zu seyn, und wünsche, daß dieses meisterhafte Product der Nebenstunden eines solchen Liebhabers der Anatomie, dem Publicum nicht lang vorenthalten bleiben möge.«[62]

Später plante Loder sogar die Veröffentlichung von Goethes Aufsatz in einem Sammelband, der jedoch nie zustande kam. Nachdem Goethe beim Verschicken der Prachthandschrift noch auf Zustimmung für seine wissenschaftliche Arbeit und vielleicht sogar auf eine Aufforderung zur Publikation gehofft haben muss, kann es ihn kaum getröstet haben, dass Loder vorläufig der einzige führende Anatom in Deutschland blieb, der die Ergebnisse seiner Untersuchung vollständig anerkannte.

* * *

Im Mai 1824 erhielt Goethe drei Kupferstiche, die nach Waitz' Zeichnungen der Elefantenschädel aus Jena und Kassel angefertigt worden waren. Christian Gottfried Nees von Esenbeck, der Präsident der Akademie der Naturforscher Leopoldina, hatte sie ihm zugeschickt, wofür Goethe sich freundlich bedankte: »sie erscheinen mir gar anmuthig wie rückkehrende gute Geister vergangener Tage.«[63] Dass die Zeichnungen nun gedruckt vorlagen, war nach dem bisherigen Schicksal der Arbeit über den Zwischenkieferknochen kaum noch zu erwarten gewesen. Der kurze Aufsatz, der Goethes erste eigene Veröffentlichung im Bereich der Naturwissenschaften hätte werden können, war nämlich noch immer nicht komplett erschienen. Nach der Enttäuschung über die Reaktionen der Fachgelehrten hatte sich Goethe 1785 für längere Zeit von den Forschungen zur Anatomie und Osteologie zurückgezogen, und infolge der beiderseitigen Verstimmung war sogar seine langjährige Freundschaft mit Johann

Heinrich Merck zerbrochen. Erst in den 1790er-Jahren nahm er seine Arbeiten zum Thema mit dem *Versuch über die Gestalt der Tiere* und dem *Versuch einer allgemeinen Knochenlehre* sowie weiteren kleineren Aufsätzen wieder auf. Bei seinen morphologischen Betrachtungen und der Ausarbeitung der Idee eines einheitlichen Typus zeigte sich, wie wichtig Goethes erste Forschungsarbeit trotz aller damit verbundenen Rückschläge für seine wissenschaftliche Perspektive gewesen war. Indem er seine Erkenntnisse vom Nachweis eines einzelnen Knochens bei den neuen Untersuchungen auf die gesamte Gestalt der Säugetiere übertrug, ließen sich deren Skelette nun als Varianten derselben Grundform darstellen und so neue Dimensionen der Entwicklungsgeschichte erschließen.

Doch obwohl dem Text zum Zwischenkieferknochen des Menschen damit eine wesentlich erweiterte Bedeutung zukam, blieb er weiterhin ungedruckt, denn nach dem gescheiterten Publikationsplan von Loder war auch eine von Goethe angedachte Veröffentlichung seiner gesammelten *Ideen über organische Bildung* nie verwirklicht worden. Erst in der von ihm selbst begründeten Zeitschrift *Zur Morphologie* wurde der Beitrag im Jahr 1820 in fast wörtlicher Fassung der Prachthandschrift unter dem gekürzten Titel *Dem Menschen wie den Thieren ist ein Zwischenknochen der obern Kinnlade zuzuschreiben* erstmals publiziert. Aber auch dieser Druck blieb unvollständig, denn obwohl darin auf Waitz' Zeichnungen hingewiesen wird, sind diese für das Verständnis wichtigen Beigaben nicht mit veröffentlicht worden. Dafür

Schädel des Fuchses, *Federzeichnung Goethes aus seinen Arbeitsunterlagen zum Zwischenkieferknochen, um 1790 (?).*

lieferte Goethe einen *Mannigfaltigen Nachtrag* aus seinen Aufzeichnungen, die er zum Teil noch während der frühen Ausarbeitungsphase angefertigt hatte. So wurden erstmals auch einige seiner Notizen zum Zwischenkieferknochen des Elefanten verbreitet, wobei Goethe noch verbindende Passagen mit autobiographischem Charakter hinzufügte, in denen er über die Entwicklung der anatomischen Sammlung in Jena und die gemeinsame Arbeit mit Loder berichtet. Andere Arbeitsunterlagen, wie seine *Beschreibung des Zwischenknochens mehrerer Thiere bezüglich auf die beliebte Einteilung und Terminologie* aus dem Jahr 1785, die eine ausführliche schriftliche Auflistung der Zähne und Zwischenkieferformen zahlreicher Tiere und des Menschen enthält, blieben dagegen weiterhin ungedruckt.

Goethes Aufnahme in die Akademie der Naturforscher Leopoldina im Jahr 1818 führte schließlich zu neuen Publikationsplänen seiner vielfältigen naturwissenschaftlichen Betrachtungen, die er in den vergangenen Jahrzehnten neben seinem literarischen Werk stetig weitergeführt hatte. In zahlreichen Lieferungen schickte Goethe verschiedenste Materialien an den Akademiepräsidenten Christian Gottfried Nees von Esenbeck, der zu seinen großen Bewunderern zählte. Da die Zeichnungen der Elefantenschädel als besonders qualitätvoll auffielen, war man sich schnell einig geworden, dass sie unbedingt in den von der Akademie herausgegebenen *Nova Acta Leopoldina* abgedruckt werden sollten. Die Veröffentlichung wurde für eine der Ausgaben des Jahres 1824 vorgesehen, in dem Goethe seinen 75. Geburtstag feiern würde.

Seine Forschungen zum Zwischenkieferknochen lagen inzwischen vier Jahrzehnte zurück und nach so langer Zeit sah er seine damaligen Untersuchungen bereits selbst als Belege historischer Wissenschaftsmethodik an, deren eigentliche Inhalte beinahe zweitrangig geworden waren. Denn am Vorhandensein des Zwischenkieferknochens beim Menschen wie auch beim Elefanten und bei allen anderen Säugetieren bestanden in der Fachwelt inzwischen keine ernsthaften Zweifel mehr. Nachdem die Veröffentlichung verabredet worden war, schrieb Goethe an Nees von Esenbeck:

»ich freute mich wirklich die uralten und für mich gewissermaßen veralteten, obgleich zu jener Zeit mit Fleiß, Mühe und Aufopferung gefertigten Zeichnungen nunmehr so nahe an wissenschaftlicher Benutzung zu sehen. Dabey aber fühlte ich mich nicht ohne eine gewisse schmerzliche Verlegenheit, daß ich so tiefinteressanten Gegenständen eigentlich ein Fremder geworden sey.«

Nees von Esenbecks Idee, die überlieferten Texte zu den Elefanten für die Publikation zu erweitern, verwarf Goethe daher:

»Sie wünschen daß ich einige Worte über diese Tafeln äußere, mir fehlt aber auch das leiseste, denn ich sehe daran nur ein allzukühnes Bestreben dasjenige vollbringen zu wollen das mir, wie ein sisyphischer Stein, immer wieder zurückrutschte; eine Last die ich jetzt durch andere glücklich auf den höchsten Gipfel gewälzt sehe.«[64]

Da die Ausführungen aber nicht ganz ohne aktuelle Zusätze abgedruckt werden sollten, wurde der Anatom und

Kupferstecher Joseph Eduard d'Alton als ausgewiesener Fachmann um einige Ergänzungen gebeten. Er war seit einem längeren Aufenthalt in Tiefurt bei Weimar persönlich mit Goethe bekannt und gab seit 1821 gemeinsam mit Christian Heinrich Pander das mehrbändige Tafelwerk *Vergleichende Osteologie* heraus. Einige Lieferungen davon hatte Goethe in seinen Heften *Zur Morphologie* besprochen und sich insbesondere vom Stil der großformatigen Illustrationen begeistert gezeigt. Deren Vorzüge führte er in der Vorstellung des Teilbandes *Die Skelete der Pachydermata*, in dem auch ein Kapitel über Elefanten enthalten ist, unter der Überschrift *Die Faultiere und die Dickhäutigen* genauer aus:

»Ferner muß der Gedanke, hinter den Skeletten der Pachydermen ein Schattenbild des lebenden Tiers auftreten zu lassen, als höchst geistreich gerühmt werden. Hierdurch wird erst augenfällig, warum diese Geschöpfe dickhäutig genannt sind, indem Haut und Fett, selbst im reinen Naturzustand, die innere Bildung verhüllen und verstecken. Zugleich aber wird anschaulich, daß innerhalb dieser plumpscheinenden Masse doch ein durchaus gegliedertes, bewegliches, manchmal zierliches Knochengestelle sich verberge und dadurch bei einigen eine gewandte, kluge, anmutige Bewegung möglich werde.«[65]

Neben den Zusätzen zu Goethes Text sorgte d'Alton auch für die Übertragung der übrigen Zeichnungen in Druckvorlagen, denn die Geschichte der Tafeln ist nicht weniger kompliziert als die des schriftlichen Materials: Waitz, der die Zeichnungen angefertigt hatte, war bereits 1796 im

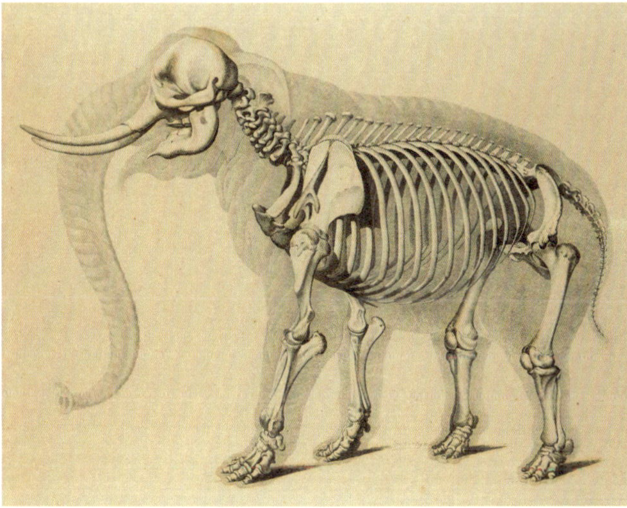

Tafel zum Elefanten aus Die Skelete der Pachydermata, *1821 publiziert von Joseph Eduard d'Alton und Christian Heinrich Pander, Exemplar aus Goethes Bibliothek.*

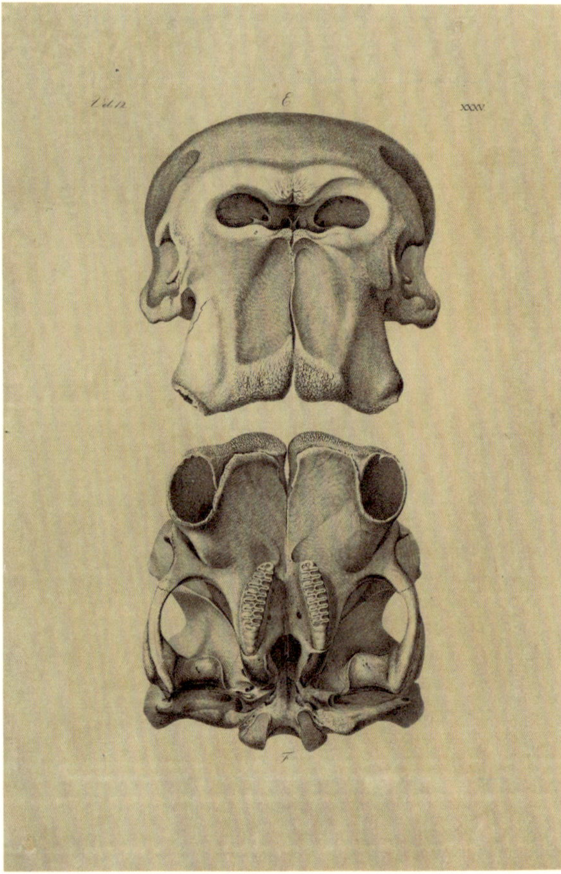

Schädel des Afrikanischen Elefanten aus dem Museum in Jena in Vorderansicht und von unten, Kupferstich nach Vorlagen von Johann Christian Wilhelm Waitz aus Goethes Beitrag Zur vergleichenden Osteologie *von 1824.*

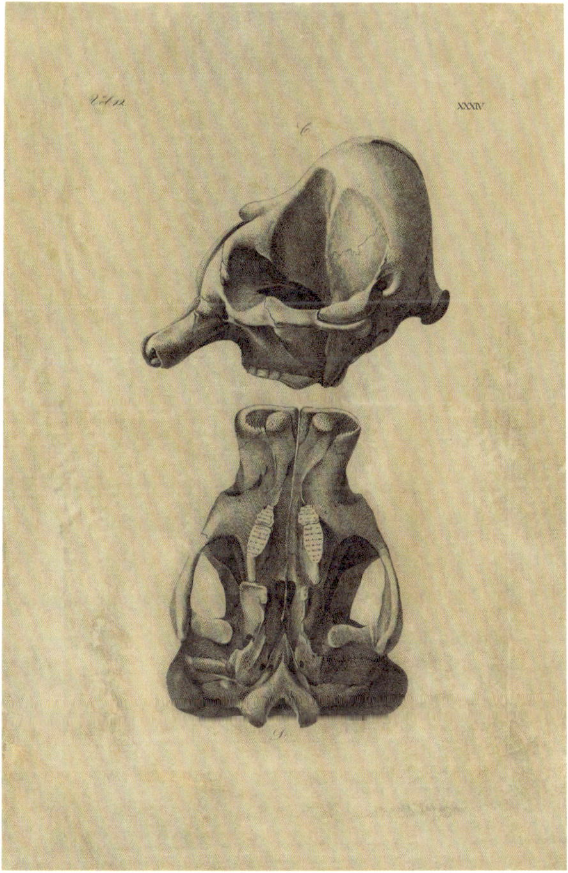

Schädel des Asiatischen Elefanten aus dem Museum in Kassel in Seitenansicht und von unten, Kupferstich nach Waitz' Zeichnungen aus derselben Publikation.

Alter von nur 29 Jahren verstorben. Zwei Jahre später hatte Johann Heinrich Lips in Zürich zwei Druckplatten nach seinen Vorlagen angefertigt, darunter eine mit der Vorder- und Rückansicht des Kasseler Elefantenschädels. Zu einer Bearbeitung der übrigen Blätter war es über die fehlgeschlagenen Publikationsversuche jedoch nie gekommen und so wurden die vier fehlenden Ansichten der Elefantenschädel erst 1823 von J. Schubert gestochen. Als Vorlagen nutzte er dazu jene Zeichnungen, die Waitz ursprünglich für die Prachthandschrift vorbereitet hatte.[66]

Der Beitrag erschien schließlich unter der Überschrift *Zur vergleichenden Osteologie* mit der Verfasserangabe »von Goethe, mit Zusätzen und Bemerkungen von Dr. Ed. d'Alton«. Der Text umfasst insgesamt nur acht Seiten und gibt Passagen über die Elefantenschädel aus Goethes *Mannigfaltigem Nachtrag* von 1820 wieder. Die ausführlicheren Ergänzungen d'Altons beziehen sich nicht allein auf den Zwischenkieferknochen, sondern auch auf allgemeine Betrachtungen des Schädelbaus der Elefanten und der unterschiedlichen Lebensräume der Asiatischen und Afrikanischen Spezies, wobei er auch Bezüge zu seiner eigenen Veröffentlichung über die Dickhäuter herstellt und ausdrücklich auf die Probleme beim Vergleich beider Arten hinweist.

Im Zentrum der Publikation stehen jedoch die drei großformatigen Bildtafeln mit den sechs Abbildungen nach Waitz' Zeichnungen, die damit vierzig Jahre nachdem Goethe im Frühjahr 1784 so dringend auf der Suche nach Elefantenschädeln gewesen war, endlich gedruckt vorlagen. Die Illustrationen zum Zwischenkieferknochen der übrigen Tiere und des Menschen sollten mit einem Nachdruck des Textes aus den Heften *Zur Morphologie* sogar erst 1831 erscheinen, ein Jahr vor Goethes Tod im Alter von 82 Jahren. Camper, Merck und Soemmerring haben diese Publikation nicht mehr erlebt.

* * *

Das Vorhandensein des Zwischenkieferknochens *Os intermaxillare* beim Menschen ist heute unumstritten. Bei Erwachsenen wird er wegen seiner Verschmelzung mit Teilen des Oberkiefers jedoch üblicherweise nicht als eigenständiger Knochen gezählt. Ebenso eindeutig ist der Zwischenkieferknochen bei allen Säugetieren und damit auch bei den Elefanten anerkannt, die in Goethes Forschungen eine so bedeutende Rolle spielten. Denjenigen Exemplaren, die er 1784 untersuchte oder untersuchen wollte, ist dabei noch immer auf die Spur zu kommen: Das von Soemmerring präparierte Skelett des Kasseler Elefanten steht heute im dortigen Naturkundemuseum im Ottoneum, wo es inzwischen von einem später hinzugefügten Metallgestell gestützt wird. Ab etwa 1942 war versehentlich der einzelne Schädel eines Afrikanischen Elefanten als derjenige präsentiert worden, den Goethe sich ausgeliehen hatte.[67] Wohl erst Mitte der 1970er-Jahre wurde diese falsche Zuweisung korrigiert.

Die gleichzeitig mit den Knochen präparierte Haut des Elefanten, eines der frühesten Beispiele einer Großtier-Dermoplastik, war dagegen schon Ende der 1920er-Jahre aus

Transport des ausgestopften Kasseler Elefanten zum Landgrafenmuseum, Aufnahme des Fotografen Carl Eberth vom September 1938.

Platzmangel der Schausammlung des Naturkundemuseums entnommen und in einem für die Öffentlichkeit nicht zugänglichen Gebäude untergestellt worden. 1938 wurde der ausgestopfte Elefant auf einem offenen Lastwagen zum neu eingerichteten Landgrafenmuseum im ehemaligen Palais des Prinzen Wilhelm gebracht. Im Zweiten Weltkrieg ist das Gebäude bei Bombenangriffen fast vollständig zerstört worden und das Präparat des Elefanten in den Trümmern verbrannt.

Der erste von Goethe genauer untersuchte Schädel eines Afrikanischen Elefanten aus dem Herzoglichen Museum in Jena ging später in die Sammlung des dortigen Phyletischen Museums über. Die Zusammenhänge mit Goethes Forschungen gerieten jedoch in Vergessenheit, und erst im Rahmen der Recherche für diesen Band konnte das Präparat anhand der von Waitz angefertigten Zeichnungen und der danach gedruckten Bildtafeln wieder identifiziert werden.

Das Staatliche Naturhistorische Museum in Braunschweig bewahrt in seiner »Schatzkammer« als eines seiner ältesten erhalten gebliebenen Sammlungsstücke schließlich den 1780 erworbenen Elefantenfötus, den Goethe bei seinem Besuch ursprünglich sezieren wollte. Das Präparat wurde wohl Ende des 19. Jahrhunderts in ein neues Behältnis umgebettet, in dem es ziemlich genau jene Position einnimmt wie auf der Bildtafel in Zimmermanns Beschreibung von 1783. In den 1960er-Jahren wurde der Elefantenfötus zu Forschungszwecken vorübergehend an eine andere Institution verliehen und bei dieser Gelegenheit auf der rechten Seite ein deutlich erkennbarer Einschnitt in Verlängerung des Mauls vorgenommen – an jener Stelle, an der vermutlich auch Goethe das Skalpell angesetzt hätte.

Der Elefantenfötus aus dem Naturhistorischen Museum in Braunschweig, den Goethe 1784 »zergliedern« wollte.

QUELLENANGABEN

Alle Zitate aus Werken und Briefen Johann Wolfgang von Goethes wurden, sofern nicht anders angegeben, aus Bänden der folgenden Ausgaben übernommen:

Weimarer Ausgabe (WA)
Goethes Werke, hrsg. im Auftrage der Großherzogin Sophie von Sachsen, Abteilung I-IV, 133 Bände in 143 Teilen, Weimar 1887-1919.

Leopoldina-Ausgabe (LA)
Goethe, Johann Wolfgang von: *Die Schriften zur Naturwissenschaft*, vollständige, mit Erläuterungen versehene Ausgabe, im Auftrag der Deutschen Akademie der Naturforscher Leopoldina hrsg. von Dorothea Kuhn, Wolf von Engelhardt und Irmgard Müller, Weimar (später Stuttgart) 1947-2019.

1 Johann Wolfgang von Goethe an Charlotte von Stein, [27. März 1784], WA IV, 6, S. 259.
2 Lavater, Johann Caspar: *Physiognomische Fragmente, zur Beförderung der Menschenkenntniß und Menschenliebe*, Band 2, Leipzig 1776, S. 141.
3 Zitiert nach: Emmerig, Hubert: »Das Rhinozeros in Europa 1741-1758 und seine Medaillen«, in: *Money trend. Internationales Magazin für Münzen und Papiergeld* 5 (1978), S. 24-25 und 50-52, hier: S. 24, Nr. 5.
4 Herrliberger, David: *Kurze Beschreibung zu der beygehenden Abbildung des Betrachtungswürdigen 7 jährigen Elefanten*, [Zürich] 1773, o. S.

5 Zitiert nach: Faust, Ingrid: *Zoologische Einblattdrucke und Flugschriften vor 1800*, Band 4: *Wale, Sirenen, Elefanten*, Stuttgart 2002, Nr. 676.

6 Herrliberger, David: *Kurze Beschreibung zu der beygehenden Abbildung des Betrachtungswürdigen 7 jährigen Elefanten*, [Zürich] 1773, o. S.

7 Zitiert nach der Abbildung in: Faust, Ingrid: *Zoologische Einblattdrucke und Flugschriften vor 1800*, Band 4: *Wale, Sirenen, Elefanten*, Stuttgart 2002, Nr. 672.

8 Blumenbach, Johann Friedrich: *Handbuch der Naturgeschichte*, Band 1, Göttingen 1779, S. 131.

9 »Nachricht von den Künsten, welche der Elephant, der hier in Berlin im Jahr 1777 gezeigt worden, gemacht hat«, in: *Geschichte des Elephanten bey Gelegenheit des hier in Berlin angekommenen merkwürdigen Thieres beschrieben*, Berlin 1777, S. 44-45.

10 *Ordentliche wochentliche Franckfurter Frag- und Anzeigungs-Nachrichten*, Nr. LXIII, 30. Juli 1773, *Extraordinairer Anhang*, o. S.

11 Ebd.

12 Vgl. Goethe, Johann Caspar: *Liber domesticus 1753-1779*, übertragen und kommentiert von Helmut Holtzhauer, Band 2, Leipzig 1973, S. 214, Eintrag zum 18. Juli 1773.

13 »Nachricht von den Künsten, welche der Elephant, der hier in Berlin im Jahr 1777 gezeigt worden, gemacht hat«, in: *Geschichte des Elephanten bey Gelegenheit des hier in Berlin angekommenen merkwürdigen Thieres beschrieben*, Berlin 1777, S. 44.

14 Günderode, Friedrich Justinian von: *Briefe eines Reisenden über den gegenwärtigen Zustand von Cassel mit aller Freiheit geschildert*, Frankfurt und Leipzig 1781, S. 69f.

15 Ebd., S. 70.

16 Ebd., S. 71.

17 Christian Truchseß von Wetzhausen an Caroline von Wolzogen, 12. Mai 1822, in: Wolzogen, Caroline von: *Literarischer*

Nachlaß der Frau Caroline von Wolzogen, Band 2, 2. Auflage, Leipzig 1867, S. 388.

18 Johann Wolfgang von Goethe an Herzog Carl August von Sachsen-Weimar-Eisenach, 4. November 1781, WA IV, 5, S. 211.

19 Johann Wolfgang von Goethe an Johann Heinrich Merck, 27. Oktober 1782, in: Merck, Johann Heinrich: *Briefwechsel*, hrsg. von Ulrike Leuschner, Band 3, Göttingen 2007, Brief 562, S. 178.

20 Goethe, Johann Wolfgang von: *Mannigfaltiger Nachtrag* [zu: *Dem Menschen wie den Tieren ist ein Zwischenknochen der obern Kinnlade zuzuschreiben*], LA I, 9, S. 169.

21 Johann Wolfgang von Goethe an Johann Heinrich Merck, 17. Februar 1783, in: Merck, Johann Heinrich: *Briefwechsel*, hrsg. von Ulrike Leuschner, Band 3, Göttingen 2007, Brief 588, S. 247.

22 Samuel Thomas Soemmerring an einen unbekannten Empfänger, undatiert, Ende August oder Anfang September 1780, in: Soemmerring, Samuel Thomas: *Werke*, Band 18: *Briefwechsel 1761/65 – Oktober 1784*, hrsg. von Franz Dumont, Stuttgart u. a. 1996, Brief 119, S. 291.

23 Ebd., S. 291f.

24 Pieter Camper an Samuel Thomas Soemmerring, 22. September 1780, ebd., Brief 124, S. 302, in Übersetzung aus dem Lateinischen.

25 Merck, Johann Heinrich: »Ueber einige Merkwürdigkeiten von Cassel«, in: *Der Teutsche Merkur*, 4. Vierteljahr (Dezember 1780), S. 216-229, hier S. 219.

26 Vgl. Sander, Heinrich: *Beschreibung seiner Reisen durch Frankreich, die Niederlande, Holland, Deutschland und Italien; in Beziehung auf Menschenkenntnis, Industrie, Litteratur und Naturkunde insonderheit, Zweiter Theil*, Leipzig 1784, S. 236.

27 Vgl. *Anlegung einer Brutkammer im Schwanhaus in der Orangerie zu Kassel zur Trocknung der Elefantenhaut*, 1780-1781, Hessisches Staatsarchiv Marburg, Bestand 53f, Nr. 600.

28 Vgl. *Orangerie in der Menagerie zu Kassel, Einrichtung des Elefantenhauses zu einem Glashaus*, 1773-1782, Hessisches Staatsarchiv Marburg, Bestand 53f, Nr. 123.

29 Merck, Johann Heinrich: »Ueber einige Merkwürdigkeiten von Cassel«, in: *Der Teutsche Merkur*, 4. Vierteljahr (Dezember 1780), S. 216-229, hier S. 220.

30 Johann Wolfgang von Goethe an Johann Gottfried Herder, [27. März 1784], WA IV, 6, S. 258.

31 Johann Wolfgang von Goethe an Charlotte von Stein, [27. März 1784], WA IV, 6, S. 259.

32 Goethe, Johann Wolfgang von: *Beschreibung des Zwischenknochens mehrerer Tiere bezüglich auf die beliebte Einteilung und Terminologie*, LA I, 10, S. 6.

33 Goethe, Johann Wolfgang von: *Dem Menschen wie den Tieren ist ein Zwischenknochen der obern Kinnlade zuzuschreiben*, LA I, 9, S. 155.

34 Johann Wolfgang von Goethe an Charlotte von Stein, [13. April 1784], WA IV, 6, S. 264.

35 Goethe, Johann Wolfgang von: *Dem Menschen wie den Tieren ist ein Zwischenknochen der obern Kinnlade zuzuschreiben*, LA I, 9, S. 157.

36 Goethe, Johann Wolfgang von: *Das Göttliche*, WA I, 2, S. 83.

37 Johann Wolfgang von Goethe an Samuel Thomas Soemmerring, 14. Mai 1784, in: Soemmerring, Samuel Thomas: *Werke*, Band 18: *Briefwechsel 1761/65 – Oktober 1784*, hrsg. von Franz Dumont, Stuttgart u. a. 1996, Brief 189, S. 467.

38 Johann Wolfgang von Goethe an Charlotte von Stein, 7. Juni 1784, WA IV, 6, S. 288.

39 Johann Wolfgang von Goethe an Samuel Thomas Soemmerring, 9. Juni 1784, in: Soemmerring, Samuel Thomas: *Werke*, Band 18: *Briefwechsel 1761/65 – Oktober 1784*, hrsg. von Franz Dumont, Stuttgart u. a. 1996, Brief 203, S. 510.

40 Goethe, Johann Wolfgang von: *Mannigfaltiger Nachtrag* [zu: *Dem Menschen wie den Tieren ist ein Zwischenknochen der obern Kinnlade zuzuschreiben*], LA I, 9, S. 174.

41 *Hamburgische Neue Zeitung*, 3. Stück, 5. Januar 1781, o. S.

42 Vgl. Herder, Johann Gottfried: *Ideen zur Philosophie der Geschichte der Menschheit, Erster Theil*, Riga und Leipzig 1784, S. 127.

43 Zimmermann, Eberhard August Wilhelm: *Geographische Geschichte des Menschen, und der allgemein verbreiteten vierfüßigen Thiere nebst einer hieher gehörigen Zoologischen Weltcharte*, Band 1, Leipzig 1778, S. 119.

44 Johann Wolfgang von Goethe an Johann Heinrich Merck, 6. August 1784, in: Merck, Johann Heinrich: *Briefwechsel*, hrsg. von Ulrike Leuschner, Band 3, Göttingen 2007, Brief 696, S. 559.

45 *Braunschweigische Anzeigen*, 63. Stück, 14. August 1784, Kolumne 901-903.

46 Johann Wolfgang von Goethe an Charlotte von Stein, 21. August 1784, in: Goethe, Johann Wolfgang von: *Lotte meine Lotte, die Briefe von Goethe an Charlotte von Stein, 1776-1786*, mit einer Kommentierung und einem Nachwort von Jan Volker Röhnert, Band 2, (*Die Andere Bibliothek* 361), Berlin 2014, S. 669, in Übersetzung aus dem Französischen.

47 Vgl. *Fourier-Buch auf das Jahr 1784*, Landesarchiv Thüringen, Hauptstaatsarchiv Weimar, Hofmarschallamt, Nr. 4533, S. 222.

48 Vgl. Toldt, Karl: »Über die äuszere Körpergestalt eines Fetus von Elephas Maximus«, Sonderdruck aus: *Denkschriften der mathematisch-naturwissenschaftlichen Klasse der Kaiserlichen Akademie der Wissenschaften*, Band 90, Wien 1913, S. 264.

49 Vgl. Seba, Albertus: *Cabinet of Natural Curiosities. Locupletissimi rerum naturalium thesauri 1734-1765, the complete plates in colour*, Köln 2017, Tafel CXI, S. 260f.

50 Vgl. Sutor, Christoph: *Sonderrechnung zu Goethes Reise nach Braunschweig*, August – September 1784, Goethe- und Schiller-Archiv Weimar, Bestand 34 / V, 4, 1.
51 Goethe, Johann Wolfgang von: *Dem Menschen wie den Tieren ist ein Zwischenknochen der obern Kinnlade zuzuschreiben*, LA I, 9, S. 161.
52 Ebd., S. 154.
53 Johann Wolfgang von Goethe an Carl Ludwig von Knebel, [17. November 1784], WA IV, 6, S. 389f.
54 Johann Wolfgang von Goethe an Ernst II. von Sachsen-Gotha, 20. Dezember 1784, WA IV, 6, S. 413.
55 Johann Wolfgang von Goethe an Friedrich Heinrich Jacobi, 12. Januar 1785, WA IV, 7, S. 7f.
56 Vgl. Goethe, Johann Wolfgang von: *Rechnungsbuch*, Goethe- und Schiller-Archiv Weimar, Bestand 34 / V, 2, Ausgaben Januar – Dezember 1784, fol. 63r.
57 Samuel Thomas Soemmerring an Johann Heinrich Merck, 12. Januar 1785, in: Merck, Johann Heinrich: *Briefwechsel*, hrsg. von Ulrike Leuschner, Band 3, Göttingen 2007, Brief 722, S. 643.
58 Johann Heinrich Merck an Samuel Thomas Soemmerring, 15. Januar 1785, ebd., Brief 724, S. 649.
59 Johann Wolfgang von Goethe an Johann Heinrich Merck, 13. Februar 1785, ebd., Brief 730, S. 673.
60 Johann Wolfgang von Goethe an Johann Heinrich Merck, 8. April 1785, ebd., Brief 739, S. 710.
61 Johann Wolfgang von Goethe an Charlotte von Stein, 12. Mai 1786, WA IV, 7, S. 218.
62 Loder, Justus Christian: *Anatomisches Handbuch*, Band 1: *Osteologie, Syndesmologie, Myologie*, Jena 1788, S. 89.
63 Johann Wolfgang von Goethe an Christian Gottfried Nees von Esenbeck, 6. Mai 1824, in: Nees von Esenbeck, Christian Gottfried: *Briefwechsel mit Johann Wolfgang von Goethe nebst ergänzen-*

den Schreiben, bearbeitet von Kai Torsten Kanz (*Acta historica Leopoldina* 4), Stuttgart 2003, Brief 94, S. 199.

64 Johann Wolfgang von Goethe an Christian Gottfried Nees von Esenbeck, 29. Januar – 4. Februar 1824, ebd., Brief 84, S. 187.

65 Goethe, Johann Wolfgang von: *Die Faultiere und die Dickhäutigen abgebildet, beschrieben und verglichen von Dr. E. d'Alton*, LA 1, 9, S. 250f.

66 Lediglich drei der ursprünglich sechs Zeichnungen der Elefantenschädel sind im Nachlass Günther Schmid (Mitglied Nr. 4045, Nachlass Nr. 36) im Archiv der Deutschen Akademie der Naturforscher Leopoldina erhalten geblieben.

67 Vgl. Umbach, Bernhard: »Vom ehemaligen Kunsthaus zum naturkundlichen Heimatmuseum«, in: *Hessenland. Zeitschrift für die Kulturpflege des Bezirksverbandes Hessen*, 1 (1942), S. 19, Abb. 20 und Bildunterschrift.

WEITERE LITERATUR

250 Jahre Museum. Von den fürstlichen Sammlungen zum Museum der Aufklärung, Herzog Anton Ulrich-Museum Braunschweig, Ausstellungskatalog, Ausstellungsleitung: Alfred Walz, München 2004.

Abenteuer der Vernunft. Goethe und die Naturwissenschaften um 1800, Klassik Stiftung Weimar, Ausstellungskatalog, hrsg. von Kristin Knebel, Gisela Maul und Thomas Schmuck, Dresden 2019.

Batsch, August: *Kurze Erklärung derjenigen Naturalien des Herzogl. Kabinets zu Jena welche bey den naturhistorischen Vorlesungen des Professor Batsch in besondern Stunden vorgezeigt werden*, Jena und Leipzig 1796.

Die Bildnisse Carl Augusts von Weimar, hrsg. von Hans Wahl (*Schriften der Goethe-Gesellschaft* 38), Weimar 1925.

Bossart, Johann Jakob: *Kurze Anweisung Naturalien zu samlen*, Barby 1774.

Bräuning-Oktavio, Hermann: *Vom Zwischenkieferknochen zur Idee des Typus. Goethe als Naturforscher in den Jahren 1780-1786* (*Nova acta Leopoldina* 126 = Neue Folge, Band 18), Leipzig 1956.

Bräuning-Oktavio, Hermann: »Die Zeichnungen und Tafeln (1784-1831) zu Goethes Abhandlung über den Zwischenkieferknochen und die Textredaktion der Nova Acta 1831«, in: *Goethe. Neue Folge des Jahrbuchs der Goethe-Gesellschaft* 16 (1954), S. 289-311.

Camper, Peter: »Kurze Nachricht von der Zergliederung verschiedener Orang-Utangs«, in: Ders.: *Sämmtliche kleinere Schriften die Arzney- und Wundarzneykunst und Naturgeschichte betreffend*, Band 1.2, Leipzig 1784, S. 65-94.

Fröber, Rosemarie: *Museum Anatomicum Jenense. Die anatomische Sammlung in Jena und die Rolle Goethes bei ihrer Entstehung*, 2. Auflage, Jena 1999.

Goethe, Johann Wolfgang von: »Über den Zwischenkiefer des Menschen und der Thiere«, in: *Nova acta Academiae Caesareae Leopoldino-Carolinae Germanicae Naturae Curiosorum*, 15 (1831), S. [3]-48.

Goethe, Johann Wolfgang von: »Zur Vergleichenden Osteologie, mit Zusätzen und Bemerkungen von Dr. Ed. d'Alton«, in: *Nova acta Academiae Caesareae Leopoldino-Carolinae Germanicae Naturae Curiosorum*, 12 (1824), S. [323]-332.

Lenz, Johann Georg: *Kurze Uebersicht der in dem Jenaischen Schlosse aufbehaltenen Naturalien nach der Ordnung der Zimmer in welche sie vertheilt sind*, Jena 1783.

Oettermann, Stephan: *Die Schaulust am Elefanten. Eine Elephantographia curiosa*, Frankfurt am Main 1982.

Pander, Christian Heinrich, und d'Alton, Eduard: *Vergleichende Osteologie*, Band 1.2: *Die Skelete der Pachydermata*, Bonn 1821.

Scheel, Günter: »Braunschweig-Wolfenbüttel und Sachsen-Weimar in der zweiten Hälfte des 18. Jahrhunderts. Dynastische, politische und geistige Beziehungen«, in: *Wolfenbütteler Beiträge. Aus den Schätzen der Herzog-August-Bibliothek* 9 (1994), S. 1-30.

Siemon, Rolf: »Der asiatische Elefant in Kassel. Goethes anatomische Studien und die Bedeutung der Wiederentdeckung des Zwischenkieferknochens beim Menschen«, in: *Philippia. Abhandlungen und Berichte aus dem Naturkundemuseum im Ottoneum zu Kassel* 15 / 3 (2012), S. 241-262.

Tischbein, Johann Heinrich: *Kurzgefaßte Abhandlung über die Aetz-Kunst und die geätzten 84 Blätter welche durch Johann Heinrich Tischbein, Inspector der Fürstlichen Bilder-Gallerie zu Cassel herausgegeben sind*, Cassel 1790.

Vicq d'Azyr, Félix: »Observations anatomiques sur trois Singes appelés le Mandrill, le Callitriche & le Macaque. Suivies de quelques Réflexions sur plusieurs points d'Anatomie comparée«, in: *Histoire de l'Académie Royale des Sciences. Année 1780*, Paris 1784, S. 478-493.

Wenzel, Manfred: »Die Emanzipation des Schülers. Goethe und sein Anatomie-Lehrer Justus Christian Loder«, in: *Gehirn – Nerven – Seele. Anatomie und Physiologie im Umfeld S. Th. Soemmerrings*, hrsg. von Gunter Mann und Franz Dumont (*Soemmerring-Forschungen* 3), Stuttgart u. a. 1988, S. 239-257.

Wenzel, Manfred: »Der gescheiterte Dilettant. Goethe, Soemmerring und das Os intermaxillare beim Menschen«, ebd., S. 289-328.

Wenzel, Manfred: »Der ›Goethe-Elefant‹ in Kassel. 1773-1993«, in: *Samuel Thomas Soemmerring in Kassel (1779-1784). Beiträge zur Wissenschaftsgeschichte der Goethezeit*, hrsg. von Manfred Wenzel (*Soemmerring-Forschungen* 9), Stuttgart u. a. 1994, S. 267-328.

Zimmermann, Eberhard August Wilhelm: *Beschreibung und Abbildung eines ungebornen Elephanten nebst verschiedenen bisher ungedruckten Nachrichten die Naturgeschichte der Elephanten betreffend*, Erlangen 1783.

BILDNACHWEIS

Frontispiz: *Elefant auf einem Jahrmarkt gezeigt*, Tuschfederzeichnung von Johann Heinrich Ramberg, um 1777, Staatliche Museen zu Berlin, Kupferstichkabinett, bpk.

Allard Pierson, Universiteit van Amsterdam, S. 33.
Bayerische Staatsbibliothek München, S. 12.
Klassik Stiftung Weimar: Goethe- und Schiller-Archiv, S. 41, 69, 81, Herzogin Anna Amalia Bibliothek, S. 61, 85, Museen, S. 24, 27, 30, 39, 50 unten, 51 unten, 68, 74, 86, 87.
Museumslandschaft Hessen Kassel, Gemäldegalerie Alte Meister, S. 20 / 21 (Arno Hensmanns).
Phyletisches Museum, Jena, S. 50 oben.
Staatliches Naturhistorisches Museum Braunschweig, S. 93.
Stadt Kassel, Naturkundemuseum im Ottoneum, S. 36 (Renate Lehning), 51 oben (Peter Mansfeld).
Stadtarchiv Kassel, Fotosammlung, Nachlass Carl Eberth, S. 90.
Stadtmuseum im Gelben Haus, Esslingen, S. 14.
Zentralbibliothek Zürich, Graphische Sammlung und Fotoarchiv, S. 11.

Alle weiteren Abbildungen stammen aus Privatbesitz.

DANK FÜR RAT UND UNTERSTÜTZUNG

Peter Albrecht (Braunschweig), Bernhard Bock (Phyletisches Museum, Jena), Christopher Frey (Wien), Frank Geuenich (Aachen), Jürgen Hevers (Braunschweig), Klaas van der Hoek (Allard Pierson Museum, Universität Amsterdam), Ulrich Joger (Staatliches Naturhistorisches Museum Braunschweig), Dietrich von Knorre (Jena), Peter Mansfeld (Städtische Museen Kassel), Regine Marth (Herzog Anton Ulrich-Museum, Braunschweig), Stephan Matthias (Bremen), Hans Mulder (Allard Pierson Museum, Universität Amsterdam), Dorothee Proft (Klassik Stiftung Weimar), Detlef Schenke (Dobbrikow), Thomas Schmuck (Klassik Stiftung Weimar), Joachim Seng (Freies Deutsches Hochstift, Frankfurter Goethe-Museum), Diana Stört (Berlin), Danny Weber (Archiv der Deutschen Akademie der Naturforscher Leopoldina, Halle an der Saale).

 Bezugspapier: Unter Verwendung der Druckgraphik *Ein Elephant* von Johann Heinrich Tischbein d. J., Klassik Stiftung Weimar. Gesetzt in der Schrift Dante MT von Dörlemann Satz, Lemförde. Gedruckt auf holzfreies, alterungsbeständiges Werkdruckpapier der Firma Cordier, Bad Dürkheim, von der Memminger MedienCentrum AG. Gebunden in Fadenheftung von der Conzella Verlagsbuchbinderei GmbH & Co KG, Aschheim – Dornach. Printed in Germany.
ISBN 978-3-458-19489-7